U0320805

日光温室模式化栽培实操技能

王景华　双树林　于　强　著

中国农业科学技术出版社

图书在版编目（CIP）数据

日光温室模式化栽培实操技能／王景华，双树林，于强著．—北京：中国农业科学技术出版社，2014.5
ISBN 978-7-5116-1622-7

Ⅰ.①日…　Ⅱ.①王…②双…③于…　Ⅲ.①温室栽培-栽培技术
Ⅳ.①S625

中国版本图书馆CIP数据核字（2014）第075881号

责任编辑　徐　毅
责任校对　贾晓红

出 版 者　中国农业科学技术出版社
　　　　　北京市中关村南大街12号　邮编：100081
电　　话　（010）82106631（编辑室）（010）82109704（发行部）
　　　　　（010）82109709（读者服务部）
传　　真　（010）82106631
网　　址　http://www.castp.cn
经 销 者　各地新华书店
印 刷 者　北京昌联印刷有限公司
开　　本　787 mm×1 092 mm　1/16
印　　张　17.25
字　　数　400千字
版　　次　2014年5月第一版　2014年10第2次印刷
定　　价　50.00元

作者简介

王景华，女，1968 年生，山西省绛县人，本科学历，高级农艺师，现任山西省蔬菜产业管理站办公室主任。曾先后主持、参与农业项目 28 项，获全国农牧渔业丰收计划奖 2 项，山西省科技进步奖 2 项，山西省农村技术承包奖 3 项。主持制定了山西省《无公害洋葱生产技术规程》《无公害西葫芦设施生产技术规程》等 3 个地方标准。主编 40 万字《油料作物生产技术》一书，参编《梨树栽培》《耕耘与收获—山西农业 60 年》《中国种植业技术推广改革发展与展望》等共 20 余万字。在《中国农技推广》《山西农大学报》等国家、省级刊物发表论文 35 篇。先后被授予“山西省农业厅先进工作者”、“山西省农林水工会优秀工会工作者”、“山西省干部下乡先进工作队员”、“山西省设施蔬菜百万棚建设劳动竞赛先进工作者标兵”等荣誉称号。

双树林，男，1963 年生，山西省蒲县人，本科学历，高级农艺师，现任山西省蔬菜产业管理站站长、山西省蔬菜产业协会副会长兼秘书长。曾先后主持、参与山西省粮食丰产“一·一·一”工程、“山西省设施蔬菜百万棚行动计划”、“山西省晋中盆地设施农业示范工程”等项目 30 项。获全国农牧渔业丰收奖一等奖 2 项、三等奖 3 项，山西省农村技术承包奖一等奖 1 项、二等奖 1 项。组织制定了山西省《无公害大葱生产技术规程》《无公害黄瓜设施生产技术规程》等 10 个地方标准。先后在国家、省级刊物发表论文 15 篇。获“山西省农业厅先进工作者”荣誉称号 3 次，先后获“山西省农业厅先进工作者标兵”和“山西省设施蔬菜百万棚建设劳动竞赛先进工作者标兵”荣誉称号。

于强，男，山东淄博人。现任山东思远现代农业社会化服务中心高级农艺师，温室蔬菜 7F 标准化管理技术首席专家，温室葡萄“龙丰枝”高产栽培技术工程师。2003 年，进入农业领域，全面研究棚室蔬菜的种植管理新技术。2007 年，取得国家劳动人事部颁发的“庄稼医生”职业资格证书。2008 年，同他的事业伙伴共同成立了山东思远蔬菜专业合作社并组织完善了番茄、西葫芦等多种蔬菜及果树的标准化管理流程。2013 年 7 月，被共青团山东省淄博市临淄区委员会授予“青年科技致富带头人”荣誉称号。从 2008 年至今，共进行技术培训 500 余场次，32 000余人次参与，并长期在蔬菜生产一线进行种植管理及病虫害防治的实地指导，多年来共进棚指导服务 10 000余次，积累了丰富的种植管理实操经验，他除了在山东当地指导菜农科学种植之外，还经常受邀到辽宁、河北、河南、山西、陕西、甘肃、内蒙古自治区等省区的温室种植地区，传播蔬菜及果树种植新技术。

序　言

随着我国经济的发展，大量的农村人口涌入城镇，农村劳动力迅速老年化为现代农业的发展埋下了巨大隐患；同时，生产者为了追求产量大量使用农药化肥，导致生产出的蔬菜瓜果硝酸盐含量超标，农药残留量高，严重危害人们的身体健康。这两大社会矛盾日益突出，如何解决？政府急，农技人员更急，为此，我们从实践出发，摸索出了温室蔬菜模式化种植管理技术。既然技术是为了给大众提供服务，那么这个技术就应该越简单越好，哪怕它是个“傻瓜式”的服务。我们从土壤改良到种苗选育、肥水管理、田间管理、植保管理、温光气管理等每一个环节都做到了模式化，为菜农提供完善彻底的蔬菜标准实用操作技能，解决生产过程中的疑难问题，为菜农学科学、用科学提供有力的支撑，让菜农“傻瓜式”管理，做到省钱、省时、省力，轻轻松松种温室瓜菜。

“日光温室模式化栽培实操技能”的成功问世，打破了传统种植模式，不仅为消费者带来了梦寐以求的绝无污染的高营养的放心瓜菜，同时，大大减少生产环节，降低了生产者的劳动强度，提高了生产效率，使温室蔬菜规范化、规模化生产经营得以实现，又能为投资带来丰厚的回报，真是一举多得！

本书从生产实际出发，介绍节能日光温室蔬菜生产技术规范、环境条件调控技术、土壤管理及施肥技术，而且，书中的图片为田间实拍，关注细节，易懂易学，最重要的是可以很直观地教学习者来使用技术，形象直观，很适合农民学用，且经过多次验证，成功的案例比比皆是，实现了低投入、低成本，而且操作简捷、管理简单，傻瓜式管理，人人都能学会，处处都可行，定会让您稳稳当当投资，轻轻松松获利。文字通俗易懂，技术简明扼要，可操作性强，适合蔬菜种植者、基层科技人员和农校师生阅读参考。

本书的写作过程是一个十分难得的学习、总结和提高的过程，农业科技成果本身具有潜在生产力，只有通过推广应用，让农民认识、掌握并产生了效益，才能算是转化成为现实生产力。农民呼唤“傻瓜式”技术，让更多的“傻瓜式”技术造福农民。本书在编写过程中得到了山东思远蔬菜专业合作社的大力支持，并参考了有关学者、专家的著作资料，在此一并表示感谢！由于水平所限，书中错误和不妥之处在所难免，欢迎批评指正。

实操才是好技术，实效才是硬道理。

编著者

2014 年 3 月 9 日

目　录

第一章　日光温室模式化栽培实践历程

第一节　寿光菜博会的启示

菜是可以吃的，在这里却成了一个个艺术品的道具，一件件如景似画的作品，令人叹为观止，流连忘返！人们到寿光菜博会看到了什么？

一、看到了文化之魂

寿光有着得天独厚的地缘优势和传承悠久的历史背景，这里是一代农圣贾思勰的故乡，也是中国古代农学巨著《齐民要术》的诞生地。在寿光，每个人都能念出成套的蔬菜经。蔬菜已经成为寿光人生活中最重要的内容。贾思勰国际农业生态博览园，是寿光打造城市文化品牌的力作。园内主要包括五色土广场、中国蔬菜博物馆、菜圃、苹果园、瓜果长廊、水花园等景区，博物馆展示以贾思勰为主的农圣先贤巨著、农史、农具、生态农业、绿色产品等，文化性、观赏性、趣味性相结合，建成集观光游览、学术研究、文化传承为一体的蔬菜文化大观园，文化为会展添彩，艺术给蔬菜增光。菜博会则让蔬菜与文化直接拉起了手，构建“绿色植物、蓝色水体、彩色蔬果”的锦绣弥河风景区，这里已成为一处生态优良、布局合理、特色鲜明的旅游胜地（图 1－1 至图 1－6）。

图1－1　蔬菜之神

图1－2　农学巨著

图1-3　蔬菜文化

图1-4　福之文化

图1-5　生肖文化

图1-6　龙船载福

二、看到了蔬菜之美

走进菜博会如同走进一个特殊的园林世界，满目皆是“惊艳”之景，菜香如缕，绿荫如盖，叫不出名、没见过面的新奇蔬菜随处可见。徜徉于各种藤蔓菜果搭成的“蔬菜走廊”，头顶是累累西红柿，眼前是奇形怪状的丝瓜、吊瓜，身旁是羽衣甘蓝、朝天椒组成的古树，各种鲜活蔬菜和花卉相互映衬，很难分辨出哪是花、哪是菜，令人叹为观止的“蔬菜大观园”（图1-7至图1-12）。

图1-7　蔬菜美景

图1-8　美轮美奂

图1－9　美艳龙坛

图1－10　硕果累累

图1－11 福禄平安

图1－12　蔬菜守望

三、看到了蔬菜之奇

一棵西红柿“树”，单株挂果1.5万个，一个巨型南瓜“体重”100多kg，寿光人王会明培育的温室超甜葡萄，糖度高达25.1%……很多展品向世界吉尼斯纪录发起挑战。在菜博会上，参展的是农民，摆展位的是农民，“打擂台”、比种菜技术的是农民，竞相召开“新闻发布会”的也是农民，农民成为菜博会的主角。在这种“零距离”的

图1－13　西红柿树

图1－14　空中红薯

接触中，农民学到了实实在在的致富本领，科技素质不断提高，温室蔬菜亩（1 亩 = 666.7m^2，下同）均效益达 1.5 万元以上，实现了"一亩地里奔小康"。蔬菜不是种在地里，而是长在花盆里，造型奇特美观。蔬菜是文化，种菜则成为艺术。浓厚的文化氛围让寿光人的"文化创新"不断延伸。他们把普通的蔬菜，进行独特的"艺术"加工，再装入造型各异的瓶子，便形成了一件件精美绝伦的"艺术品"。在菜博会上，这种散发着浓郁文化气息的"艺术菜果"，吸引了众多人的眼球（图 1 – 13 至图 1 – 18）。

图 1 – 15　鸳鸯瓜

图 1 – 16　方形西瓜

图 1 – 17　观赏辣椒

图 1 – 18　世界瓜王

四、看到了技术之新

一年一届的菜博会充满了神奇，蕴含着致富的信息。借菜博会之势，寿光完成了一个从区域性蔬菜产地到具有国际性影响的蔬菜产地市场的跨越。科技尽显无穷魅力：组织培养、生物防治、让蔬菜喝牛奶、听音乐、臭氧抗菌增肥、无土栽培、有机质栽培等种菜新招，层出不穷。新技术展厅中，有自动化播种车间、自控温控系统、钠灯补光系统、微雾系统等。用1 000多个品种、24 万盆盆栽蔬菜组成的亭台廊榭、高山飞瀑等上百个园林景点，各具特色，异彩纷呈，让人们在学习新技术、感受科技魅力的同时，充分领略寿光蔬菜生产所蕴含的丰厚内涵。还有蔬菜园林、菜树林、种植模式和新技术、厨艺雕刻、农业观光等抢眼的内容。博士后科研工作站、中荷科技推广中心等科研基地琳琅满目。在菜乡，高科技当着“菜园子”的家。实实在在的技术、品种和种植模式的展示，引起了不同层次人们的思想震动，更带来了全新的生产发展理念。从事蔬菜深加工的张军友等 20 多个农民，都成了年收入过百万的农民富翁。年收入在 20 多万的农民，也有 5 000 ~ 6 000人（图 1 – 19 至图 1 – 24）。

图 1 – 19　科技之门

图 1 – 20　机器采摘

图 1 – 21　立体栽培

图 1 – 22　一边倒技术

图 1－23　上菜下鱼

图 1－24　盆栽蔬菜

五、看到了品牌之亮

从区域品牌到国际品牌，寿光蔬菜产业的发展不是简单增长和放大，而是质的飞跃，是魅力的升华。独特的创新力，新技术的应用使寿光农民不断寻求产品的差别性，显著地体现在人无我有，人有我精，人精我变等诸方面。大规模的生产，全方位的参与，使寿光的所有市场信息都与蔬菜生产密切关联，在完整统一的蔬菜市场信息中又不断地分解出各种细化的信息，这样一来，整个寿光地区都浸润在浓厚的蔬菜文化氛围中。寿光人的生活，是一个又一个与蔬菜相关联的细节，寿光人的喜怒哀乐，也是与蔬菜市场的波动密切相关。依托寿光的文化资源优势，精心演绎蔬菜文化，已经成为菜博会的一大“看点”。一系列独具“菜乡”特色的瓜菜果王大赛、民俗表演、“菜乡风情”书画展、摄影展、厨艺大赛、科技书市、农业观光一日游等文化艺术活动，都给菜博会添色不少。蔬菜是寿光的面孔，蔬菜是寿光人的名片（图 1－25 至图 1－29）。

图 1－25　宣传主题

图 1－26　处处是风景

图1－27　骄傲的农民

图1－28　锦绣中华

图1－29　和谐的果菜大观园

【小资料】

日光温室——农业的传奇

日光温室发明起源于辽宁省瓦房店，发扬光大于山东省寿光，而推动这一“星星之火”成为“燎原之势”的是一位普通的山东农民——王乐义。1989年2月4日，一个常年在外贩菜的“菜贩子”、王乐义的堂弟王新民，两脚跨进王乐义家，说：“过年哩，送你二斤鲜黄瓜尝尝鲜吧！”王乐义看那黄瓜顶花带刺，鲜嫩欲滴，便兴奋地问其产地。王新民说：“从大连市场上买来的，辽宁当地产的。”王乐义寻思，在辽宁那样天寒地冻的腊月里能产出这样的黄瓜来，肯定有绝招。于是他令堂弟赶紧回大连，尽快弄清黄瓜的具体产地。几天后，王新民告诉王乐义黄瓜产地是辽宁省瓦房店市一个名叫陶村的小山村。黄瓜是用温室种的，而且这温室整个冬季不烧煤。王乐义迫不及待地说：“咱们取经去！”1989年2月11日，王乐义率领七位乡亲，冒着风雪赶往辽东平原。他们长途跋涉，历尽辛苦，终于见上了温室黄瓜的主人韩永山。但是人家说技术保密，概不外传，从而下了“逐客令”。但王乐义为学技术接连三下辽东，终于感动了韩永山，“凭你这股苦钻劲儿，我教给你！”其中，最关键的一本经是：“以土挡山，墙壁加厚，温室保温。”王乐义返回寿光，开始了温室蔬菜的艰难起步。村委会发动群众建温室，有人说起了风凉话：“哪有不烧煤的温室？太阳光能晒出黄瓜来，鬼才相信。”王乐义深知建棚有阻力，全然不理会这些流言蜚语，他是党员会、干部会、骨干会，大会小会连续开，针对人们怕建棚担风险（每棚需成本6 000元），温室试验一旦不成而赔本的思想，苦口婆心地动员说服，最后从共产党员的党性原则要求，让共产党员率先带头，终于定下了17个温室。1990年1月20日，是三元朱村人开创新生活新纪元的日子。这一天，三元朱村第一批温室黄瓜上市了！望着那墨绿鲜嫩、头顶鲜花的黄瓜，1kg开价20元，到春节后仍不落价，市场供不应求，进三元朱村收黄瓜的汽车排成长串！全村17个温室平均收入2.7万元。20世纪80年代，“万元户”是中国农村的佼佼者，而此时此刻，三元朱村一下子冒出了17个“双万元”户，怎不令人称奇。17个温室，像17面旗帜，使三元朱村村民们看到了方向和希望。1990年，支部未做任何发动，村民争先恐后建起180多个温室，户均1亩多，亩均年收益3万多元。1991年，由寿光县委书记王伯祥亲自点名，王乐义担任寿光市冬暖式蔬菜温室推广小组技术总指挥，并给他配备了一辆吉普车，跑遍了全县。这一年寿光市发展的5 130个温室全部成功，每个温室户均收入1.5万元，王乐义在全国叫响了。日光温室从此成为具有中国独特“草根”风格的温室类型，是一个具有里程碑式的创造，在世界上也是独一无二的，是农业的一个传奇。

第二节　菜园里的那些事

黄山归来不看山，寿光归来不看菜。那里是一座座让植物快乐生长的王国，那里是一个个瓜菜茁壮成长的天堂。百味果蔬，千姿百态，使植物生长潜能与平面空间利用效率达到了极致的发挥。“蔬菜是文化，种菜是艺术”，这是每位参观者都会发出的赞叹，都会有一种想种菜的冲动。寿光的蔬菜是怎样炼成的？这就不得不提设施农业。

设施农业是农业的工业化时代，是现代农业发展史上的一次革命，让农业逐步摆脱了自然的束缚，不再总是要看老天的脸色，是个新的生产技术体系，它采用必要的设施设备，同时选择适宜的品种和相应的栽培技术。在日本，已有企业建立了面积为1 500m^{2}的植物工厂，并安装有机器人，从播种、培育到收获实现了电气化。由于植物工厂的作物生长环境不受外界气候等条件影响，蔬菜种苗移栽两周后，即可收获，全年收获产品20茬以上，蔬菜年产量是露地栽培的数十倍，是温室栽培的10倍以上。设施农业属于高投入高产出，资金、技术、劳动力密集型的产业，它是利用人工建造的设施，使传统农业逐步摆脱自然的束缚，走向现代工厂化农业、环境安全型农业、无毒农业的必由之路，同时，也是实现农产品反季节上市，进一步满足多元化、多层次消费需求的有效方法。设施农业作为现代农业发展的一种重要形式，是促进高效农业规模化的有效途径，对于提高农业竞争能力、促进农民增收致富具有十分重要的意义。

设施农业从种类上分，主要包括设施园艺和设施养殖两大部分。设施养殖主要有水产养殖和畜牧养殖两大类。设施园艺按技术类别一般分为（玻璃、PC板、塑料）

连栋温室、日光温室、塑料大棚、小拱棚（遮阳棚）四类（图 1－30 至图 1－35）。

日光温室是一种依靠太阳光来维持室内一定的温度水平，即使在最寒冷的季节，也能满足蔬菜作物生长需求的暖房，因此，日光温室成为当今设施园艺的主要设施之一，要想取得高产高效低耗必须要处理好三大平衡关系，一是环境平衡；二是营养平衡；三是管理平衡。

图 1－30　玻璃连栋温室和 PC 板连栋温室

图 1－31　充气塑料温室

图 1－32　生态温室

图 1－33　日光温室（无支柱和有支柱两种）

图 1－34　大棚

图 1－35　小棚

一、环境平衡

（一）温室内环境条件与露地环境条件的差异

日光温室是农业的一个传奇，是人为创造的有利于蔬菜作物反季节生产的小环境，是在不适宜植物生长发育的严寒季节和恶劣的气候条件下进行作物栽培，由于受外界环境条件的制约，加之设施本身封闭性的特点，其生态环境条件已经不同于露地的环境条件。

1. 室内外温度差异大

日光温室在白天有太阳光照射的条件下，一般气温在 25～28℃，11:00～14:00在不放风的条件下可达到 32～38℃，天气晴好，可高达 45℃以上，而夜间用草帘覆盖气温只有 8～10℃，如遇低温天气，夜间温度会更低。地面处温度一般比室内 2m 高处的温度低 3～5℃，室内作物架面高大时，温度差异性更大。白天地温可比空气温度低5～8℃，10cm 以下土壤温度更低，地温低是制约室内作物生长发育、产量效益的最主要因素之一。冬季会经常受到寒流、冰雪、大风、低温、甚至是长期阴冷等恶劣气候的影响，室内气温、地温经常骤然下降，大幅度降温，会引起枝叶和根系生理性障碍现象频繁发生。

2. 光照分布不均匀，差异显著

太阳光是一切作物进行光合作用、生产有机物质的能源，也是温室热量平衡之源。

绿色作物要维持较高的光合效能，其光照强度应达到 3 万 ~6 万 lx。在冬季，太阳的辐射能量，不论是总辐射量，还是作物光合作用时能吸收的生理辐射量，都仅有夏季辐射量的 70% 左右，设施覆盖薄膜后，阳光的透光率为 80% 左右，薄膜吸尘、老化后，其透光率又会下降 20% ~40%。因此，设施内的太阳辐射量，仅有夏季自然光强的 30% ~40%，2 万 ~4 万 lx，远远低于作物的光饱和点。倘若阴天，设施内光照强度几乎接近于作物的光补偿点。光照弱、光照时间短，是制约设施作物产量、效益的又一主要因素。一般情况下，温室的前部，采光面屋面角大，阳光入射率高，光照较为充足；中间部分，其光照强度可比前部低 10% ~20%；采光面的后部，屋面角最小，加之温室的后坡、后墙又遮挡了北部与上部散射光的射入，阳光入射量更低，光照强度仅有前部的 60% ~70%，如不加以调控，会引起严重减产。

3. 气体交换差

设施封闭性严密，室（棚）内外空气较少交流或不经常交流，通气不良，会诱发多种不良现象发生。

①白天作物进行光合作用时，室内空气中的二氧化碳气体，很快被作物吸收，由于内外空气流通不便，二氧化碳气体不能及时补充，极易缺乏。缺少二氧化碳，会使光合效能急剧下降，其产品产量、品质都会受到严重影响。因此，是否能够及时补充并提高温室（大棚）内的二氧化碳气体含量，是温室栽培效益高低的最为重要因素。

②设施密闭，土壤呼吸作用及肥料分解发酵释放出的有害气体，特别是氨气、亚硝酸气体等不能及时排除。此类有害气体在温室内达到一定浓度后，就会对室内作物造成危害。

4. 湿度大

温室内外空气交流少，空气不流通，土壤蒸发的水分和作物叶片蒸腾排出的水分，都以水蒸气状态积累于室内的空气中，室内空气湿度高，这就为各种真菌、细菌、病毒等病害的侵染发展，提供了有利的生态环境，极易诱发病害，而且病害种类多，侵染速度快，发病频繁，防治困难。

5. 土壤连作障碍严重

①积盐严重，普遍存在土壤盐渍化问题。温室生产期间多次大量地施用肥料，土壤溶液浓度都比一般土壤高，有的超过正常值的 5 倍以上。因而，在日光温室里极易发生浓度危害。土壤浓度危害主要表现在 3 个方面，一是大大降低了作物从土壤中的吸水能力；二是使根受害，褐变或根尖钝齐畸形；三是土壤中本来就不缺少的微量元素却发生了缺少或过剩症状。

②连作障碍严重。由于日光温室移动困难，而且强调专业化和规模化生产，因此同一作物连续多年种植的情况比较普遍，其后果是连作障碍日趋严重。连作障碍可能是由于某种有害物质和有害病原菌在土壤中积累，也可能是某些元素连续多年消耗的结果，还可能是土壤微生物群落异化，土壤老化。发生原因是多方面的，某一个原因可能在某些作物上表现得更为突出一些。

（二）温室光温汽水的环境调节

一切植物健壮的生长必须有宜居的环境，气候环境主要包括光照、温度、水分、空气等，环境必须保持平衡。

1. 温度调控技术

每种作物都有适宜生长的温度范围，在这个范围内温度越高，生长就越旺盛，光合作用和呼吸作用也就越旺盛。白天光合作用与呼吸作用同时进行，因此，在作物的适宜温度范围内，白天温度越高越好，而晚上只进行呼吸作用，温度越高，呼吸作用越强，消耗的有机物质就越多，而温度越低，呼吸作用越弱，消耗的有机物质就越少，因此在适宜温度范围内，晚上温度越低越好。这就是为什么昼夜温差越大（白天高、晚上低），农作物产量增高，品质提高的原理。

温室根据不同种植茬口的安排，在不同季节对温度的控制原则也不一样，所以，一些调控温度的措施也不一样。

对温度的控制主要有保温、加温和降温几个方面。

（1）保温技术

①温室内的温度表要正确吊挂。温度是管理的根据，温室内的温度表要正确吊挂。根据日光温室气温垂直和水平分布的特点，为了获得日光温室真实的温度，使温室合理管理，在温室中部后坡前檐下立一木桩，在木桩北面吊挂温度表，温度表的感应部分（水银或酒精球）离地面 1m 左右。比较好的做法是在感应部分以下适当位置再固定一块横木板，这样可以阻隔土壤辐射的影响。同时，应用一块木板把温度表与水泥柱隔离开来。

②减少贯流放热和通风换气量。温室的散热有三种途径，即：经过覆盖材料的维护结构传热即贯流传热；通过缝隙露风的换气传热；与土壤热交换的地中传热。3 种传热量分别占总散热量的 70% ~80%、10% ~20%、10% 以下。为了提高温室的保温能力，近年来主要采用外盖膜、内铺膜、起垄种植再加盖草席、草毡子、纸被或棉被以及建挡风墙等方法来保温。在选用覆盖物时，要注意尽量选用导热率低的材料。其保温原理为：减少向温室内表面的对流传热和辐射传热；减少覆盖材料自身的传导散热；减少温室外表面向大气的对流传热和辐射传热；减少覆盖面的露风而引起的对流传热。

③增大保温比。适当降低设施的高度，缩小夜间保护设施的散热面积，有利于提高设施内夜间的气温和地温。

④增大地表热流量。通过增大保护设施的透光率、减少土壤蒸发以及设置防寒沟等，增加地表热流量。

⑤棚室内吊挂防寒膜。棚室的前沿部位由于高度低、空间小，是在夜间棚室内温度最低的部位，为了减少冷气的直接冲击，在棚室前沿部位吊挂一块透明地膜，使吊挂的地膜与棚膜之间形成夹层空间，可有效缓冲冷气的冲击（图 1－36）。

（2）加温技术

加温的方法有酿热加温、电热加温、水暖加温、汽暖加温、暖风加温、太阳能储存系统加温等，根据作物种类和设施规模和类型选用。其中酿热加温利用的是酿热物（比如牲口粪便、稻草等）发酵过程中产生的热量。太阳能加温系统是将棚内上部日照时出现的高温空气所截获的热能储存于地下以提高地温，当夜间气温低于地温时，储存于土壤中的能量可散发到空气中。通过太阳能储存系统的运用，温室内地温可提高 1 ~2 ℃。

图1-36　棚室内吊挂防寒膜

（3）降温技术

当外界气温升高时，为缓和温室内气温的继续升高对作物生长产生不利影响，需采取降温措施，目前，温室的降温主要有以下方式。

①换气降温。打开通风换气口或开启换气扇进行排气降温，在降低室温的同时，还可以排出湿气，补充二氧化碳。

②遮光降温。在夏季种植时，棚室内温度较高，为防止出现高温危害或减少高温对作物生长的影响，则要采取降温措施。目前应用比较广泛的是加盖遮阳网（图1-37），有的则在棚膜上喷涂墨汁或泥浆（图1-38），以减弱光照，降低棚室内温度，但喷涂泥浆或墨汁的做法是在越冬或早春茬作物生长到夏季，棚膜在下一茬种植时不再使用时方能采取，否则，不能用此种方法。

图1-37　覆盖遮阳网降温

图1-38　棚膜泼洒墨汁降温

③屋面洒水降温。在设备顶部设有孔管道，水分通过管道小孔喷于屋面，使得室内降温。

④屋内喷雾降温。一种是由温室侧底部向上喷雾；另一种是由温室上部向下喷雾，应根据植物的种类来选用。

2. 光照调控技术

万物生长靠太阳，太阳光照是作物生长的必需条件之一。光照的强弱和光照时间的长短是决定作物生长速度和产量高低的一项重要指标。但是，并不是光照越强，光合作用就越高，在其他条件都满足的情况下，随着光照增强，光合作用增强，当光照达到一定光强后，由于其他条件的限制，光合作用的强度不再继续增加，此时达到了光饱和点。

（1）合理设计温室结构，提高透光率

①合理设计。施工前选择好光照充足的建造场地；设计合理的建造方位和屋面坡（弧）度；尽量减少温室棚面龙骨的数量和表面积；选用透光率高的覆盖材料。

②保持覆盖材料表面干净。经常清扫覆盖物表面，减少灰尘污染，以增加透光率，提高棚内光照强度。

③减少覆盖物内表面结露。通过通风等措施减少覆盖膜内表面结露，防止光的折射，提高透光率。目前，我国已经研制出不易产生结露的无滴膜，生产时应作为首选材料。

④延长棚面光照时间。在保温前提下，尽可能早揭晚盖外保温和内保温覆盖物，增加光照时间。双层膜温室，可将内层改为能拉开的活动膜，以利光照。即使是阴天也要拉开草苫。在阴天时，有些菜农只考虑到对温室保温，较长时间的黑暗条件会使作物的生理机能发生紊乱。实际上阴天是没有直射光，但却有散射光。在太阳的总辐射中，散射光同样也是光照的主要组成部分。因此，温室特别强调在阴天时也要揭开草苫，但要注意晚揭早盖，并进行通气排湿，不拉草苫常常捂黄蔬菜。

⑤合理密植。合理安排种植行向，以减少作物间的遮阴，密度不可过大；否则，作物在设施内会因高温、弱光发生徒长。作物行向以南北行向为好，没有“死阴影”。若是东西行，则行距要加大。日光温室的栽培床要南低北高，防止前后遮阴。

⑥选用耐弱光品种。温室栽培时应选用耐弱光品种，同时，加强植株管理，对于高秧作物通过及时整枝、打杈、插架等措施以防止上下叶片互相遮阴，以改善棚内通风透光条件。

⑦采用地膜覆盖或挂反光幕（板）。地膜覆盖有利地下反光以增加植株下层光照。在温室内悬挂反光幕可使反光幕前光照增加40%～50%，有效范围达3m（图1－39）。

⑧要定期清扫和擦拭棚膜，或棚膜上挂扫尘条。风吹时，扫尘条来回摆动，达到清洁棚膜的目的（图1－40）。

⑨利用有色膜改变光质。在光照充足的前提下，采用有色薄膜，人为创造某种光质，为满足某种作物或某个发育时期对该光质的需求，获得高产优质。例如紫色薄膜对菠菜有提高产量、推迟抽薹、延长上市时间的作用；黄色薄膜对黄瓜有明显的增产作用；而蓝色薄膜能提高香菜的维生素C的含量。

⑩草帘或保温被揭盖要随着季节变化而变化，摸清变化规律，灵活掌握应用。覆盖草帘的厚度、时期和每天揭苫时间，因季节、地区不同而不同。上午揭帘适宜时间以阳光照射前屋面，拉开帘后室内气温不下降为宜。盖帘时间应根据温室保温性能和夜温下降规律而定，如果温室从盖帘开始到第二天揭帘时一夜温度下降为10℃，早晨揭帘时

图1－39　后墙张挂反光幕

图1－40　擦拭棚膜

室内温度应保持在8～10℃。温室温度下降到17℃时，则应盖帘，盖帘后室内温度一般回升20℃左右，室内气温前半夜可保持在17～19℃，到早晨揭帘时室内温度可保持在8～10℃。

（2）遮光技术

温室遮光20%～40%能使室内温度下降2～4 ℃。初夏中午前后，光照过强，温度过高，超过作物光饱和点，对生育有影响时应进行遮光。遮光材料要求有一定的透光率、较高的反射率和较低的吸收率。一是覆盖各种遮阴物。覆盖物有遮阳网、苇帘、竹帘等。二是棚面涂白。将棚面涂成白色可遮光50%～55%，降低室温3.5～5.0℃。

（3）人工补光技术

补光主要用于育种、引种和育苗。冬季温室生产很需要这种补光，但因成本高，国内人工补光的光源是电光源。对电光源有三点要求：一是要求有一定的强度。使墙面上光强在光补偿点以上和光饱和点以下。不同作物的光补偿点和光饱和点不同，所以，应用时要因作物而定。二是要求光照强度具有一定的可调性。三是要求有一定的光谱能量分布和太阳光的连续光谱。可以模拟自然光照或采用类似作物生理辐射的光谱。

3. 湿度调控技术

①通风换气，通风换气将湿气排出，换入外界干燥的空气，这是最简单的降湿方法，但要防止因通风换气而使棚室内温度降得过低。外界气温在零度以下时，日光温室使用无滴膜覆盖后，由于外界气温低，揭帘后常看到温室内有大量汽雾飘浮，若此时立即打开风口放风排湿，外界零度以下的冷空气袭入温室内会进一步加速水汽的凝聚，使汽雾更重，将会加速病害的侵染和蔓延。因此，冬季日光温室应在外界最低气温达到0℃以上时再开风口排湿气。一般开15～20cm宽的小缝半小时，即可将900m^{2}地内的水雾排出。中午再进行多次放风排湿，尽量将室内的水汽排出，以减少叶面结露。配合药剂防治，就能有效地减轻霜霉病、灰霉病和疫病等病害的病情。外界气温高时，性能好的高效节能型日光温室，冬季晴天中午12:00～14:00室内最高温度可以达到32℃以上，此时打开风口放风，由于外界气温低，温室内外温差过大，常常是放风不到半小

时，气温就降至25℃以下，这时应将风口关闭，使温室贮热增温，当室内温度再次升到30℃左右时，重新打开风口放风排湿。这种放风管理应重复几次，使午后室内气温维持在23～25℃。由于反复多次的升温、放风、排湿，可有效地排出温室内的水汽量，CO_2气体得到多次补充，使室内温度维持在植物适宜温度的下限，并能有效地控制病害的发展和蔓延。如果只在中午进行1次放风，翌晨温室内水雾较重，则会加重病害的发生。

②大沟内铺草，轧碎干稻草10cm，白天散湿吸热，调节棚内温度、湿度，夜间吸湿散热提高温度2℃。蔬菜收获完后翻入地下。

③覆盖地膜，膜下浇水。

④采用滴灌和渗灌。滴灌、渗灌除了具有省水、省工、省肥、省药、防止土壤板结和地温下降外，更重要的是可以有效地降低因浇水而造成的空气湿度增加。

⑤膜下滴灌。膜下滴灌综合了地膜覆盖和滴灌的共同优点，是降低棚室内湿度的有效措施。方法是地面起高垄，然后在高垄中央放上滴灌管，再覆盖地膜。

⑥中耕散湿，浅锄地表。

⑦阴雨天气严禁浇水。

⑧地膜垄沟内还可覆盖作物秸秆，减少地表水分蒸发。使用除湿机及除湿型热交换通风装置。

⑨用烟雾剂和粉尘剂施药。棚室内必须施药时，若采用常规的喷雾法用药，会增加棚室内湿度，这对防治病害不利。采用粉尘法及烟雾法用药，则可以克服以上弊端。

⑩高温降湿。早晨揭苫后，一般情况下不要放风。在不伤害栽培作物的前提下，应尽量提高温度（如黄瓜，可让温度上升到32℃）。随着温度的上升，湿度就会逐渐下降。当温度上升到栽培作物所需适宜温度的最高值时，开始放风。

4. 气体调控技术

（1）通风换气

要根据温室温度的变化情况及时调节通风口的开关及大小，避免温度变化剧烈，居高不下，或居低不上。一般上午当温度升到28℃或者25℃时。喜温性蔬菜开始通风，通风口的大小以开启后温度不下降而缓慢上升为标准。随着光照的增强，温度进一步升高，通风口逐渐加大。中午前后的最高温度不能超过32℃，下午温度降到25～28℃时开始逐渐关闭通风口，当温度降低到20℃时关严通风口。通风的正确顺序是先开顶部通风口，当温度还升高时，再开前屋面通风口、后墙通风口。关闭通风口时与开启时顺序相反，先关后墙通风口，再关前部通风口，最后关顶部通风口。新型温室都有开闭风口滑轮装置，操作简单，省工省力（图1－41、图1－42）。

（2）冬季的二次通风法

在低温时期晴天情况下温室的通风时机是：在揭开棉被或草帘1.5～2小时就开始通风。揭开棉被或草帘之前，棚室内的二氧化碳浓度是一天当中最高的时候，因为作物在夜间进行呼吸作用，释放二氧化碳，加上土壤中的秸秆、粪肥等有机物的分解也产生二氧化碳，经过一夜的积累，在早上开棚之前达到顶峰。揭开棚以后，随着阳光照进棚室内，作物开始进行光合作用，也就逐渐在消耗二氧化碳，1.5～2小时后，棚室内的

图 1－41　温室上通风口

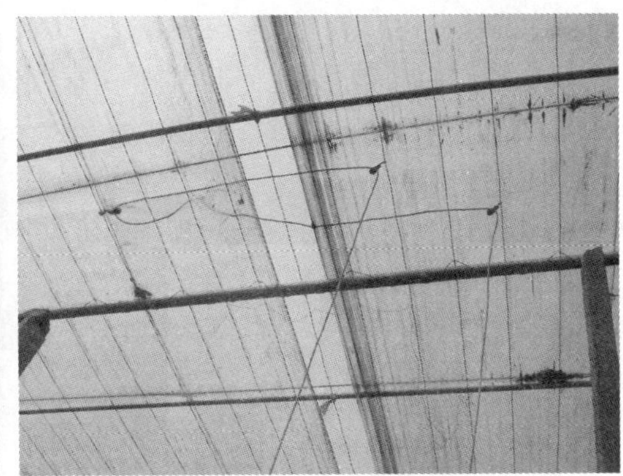

图 1－42　开闭风口的滑轮装置

二氧化碳浓度已经很低，这个时候就需要打开风口（图 1－42），往棚室内补充二氧化碳，如果棚室内温度较低，则风口要开的小一些，通风的时间要短一些，等达到相应温度后，再次开风口通风，这就叫“二次通风法”。如果棚室内安装了二氧化碳发生装置，则无需进行二次通风。

（3）合理施用二氧化碳

①施用时期：叶菜类在定植后 7～10 天（缓苗后）开始施用二氧化碳，瓜菜类在定植后 15～20 天（开花前）开始施用二氧化碳，连续进行 30～35 天。果菜类开花坐果前不宜施用二氧化碳，以免营养生长过旺造成徒长而落花落果，在开花坐果期施用二氧化碳，对减少落花落果、提高坐果率、促进果实生长具有明显作用。

②施用时间：根据日出后的光照强度确定。一般每年的 11 月至翌年 2 月，于日出 1.5 小时后施放；3～4 月中旬，于日出 1 小时后施放；4 月下旬至 6 月上旬，于日出 0.5 小时后施放：施放后，将温室封闭 1.5～2.0 小时后再放风，一般每天 1 次，雨天停止。

③二氧化碳施用浓度：一般叶菜类施用浓度为 1 000mg/L，果菜类为 800～1 000mg/L，阴天适当降低施用浓度。具体浓度根据光照度、温度、肥水管理水平、蔬菜生长情况等适当调整。

5. 预防有害气体

①合理施肥：一是施用完全腐熟的有机肥；二是不施用挥发性强的肥料（如碳酸氢铵、氨水）；三是施肥要做到基肥为主，追肥为辅；四是追肥要做到“少量多餐”，要穴施、深施；五是施肥后要覆土、浇水，并进行通风换气。

②及时通风：应根据天气情况，及时通风换气，排除有害气体。

③选用优质农膜：选用厂家信誉好、质量优的农膜、地膜进行设施栽培。

④加强田间管理：经常检查田间，及时发现植株中毒，并立即找出病因，采取针对性措施，同时，加强中耕、施肥工作，促进受害植株恢复生长。

（三）灾害性天气管理

灾害性天气主要有大风、暴风雪、寒流强降温、连续阴天和久阴骤晴等。

1. 连阴天气

连阴天时，棚室内的光照不足，地温和气温明显下降，湿度增加，蔬菜的光合作用减弱，根系活动受阻，植株处于饥饿和缺水状态。在此情况下要做到：

①及时揭草帘见光，并清除棚膜上的草屑、灰尘、露水等，以增强棚膜的透光率。利用散射光增加棚室内的温度。连阴天，棚室内的温度比晴天低 2 ~ 3℃，不能采用生火加温的措施，否则，会使植株的呼吸消耗增加，导致出现生理障碍。

②温室采取多层覆盖保温。在棚膜外加盖双层草苫，在草苫上加盖防雨雪塑料薄膜，以保持草苫干燥。

③争取散射光，提高室内温度。可在温室后部张挂反光幕，起到增光、增温作用。

④停止浇水追肥。连阴天温室内应停止浇水追肥，以免造成作物沤根，加重病害发生。

⑤进行植株调整，健株保秧。根据气象预报，在连阴雪雾天到来之前，应提早采摘瓜果，减少植株营养消耗，使养分向根系回流，促进根系生长，增强植株抵御不良环境的能力。

⑥用烟雾剂和粉尘剂防病。阴雪雾天温室内湿度大极易发生病害，喷施水剂易增加温室内湿度，因此，防病应选用烟雾剂或粉尘剂。

2. 强降雨

强降雨可浸湿土筑的后墙，使其塌落，造成温室棚架落架，或淋湿草帘及后屋顶上的秸秆等，使棚室内棚架的负荷加重，造成棚架折断。在管理上应做到：

①在下雨前用塑料薄膜覆盖草帘、后坡及后墙，以防雨水打湿。或雨前及时卷起草帘和纸被，避免被雨水湿透。

②对被雨水淋湿的草帘和纸被要及时晾晒，避免损坏。

3. 大雪

降雪天气一般温度不很低时，为防止草苫被浸湿，可将其卷起，等雪停后，清除积雪再放下。降雪同时降温的情况下，不宜卷起草苫。严寒冬季有时出现暴风雪天气，不但雪量大，北风也强烈。积雪过厚时，可压塌前屋面，积雪又可挡住光线进入棚室内，雪水能浸湿草帘和棉被，加重分量。因此，应做到：

下雪前在拱架下增设临时支柱，以增强拱架的负载能力。在草帘上覆盖一层塑料薄膜。下大雪时要对草帘和后屋面等处及时清扫积雪。

另外，若遇到连续降雪天时可参照连阴天的管理措施。

4. 连阴天后骤晴

日光温室冬季有时遇到连续阴雨（雪雾）天气突然转晴，揭开草苫后，叶片会出现萎蔫现象，特别是叶片较大的黄瓜、西葫芦等最为严重，十几分钟后就会萎蔫，如果不及时采取措施，得不到恢复，就会成为永久性萎蔫。

①天气放晴时，应比平常提早一点时间揭开温室草苫，这样可以使蔬菜作物在较低的温度下适应光照条件，使气孔和水孔收缩或关闭。根据天气预报，如果确信以后将连续几天晴好天气，可抓紧时间给蔬菜作物浇一次水。

②在蔬菜作物上喷洒清水或营养液。如果揭开温室草苫后若发现植株有萎蔫情况，

可向叶面喷洒与室温相同的清水或营养液（糖100倍液、尿素300倍液、磷酸二氢钾500倍液混合液），具有降低植株体温、减少植株蒸腾、补充营养作用。喷清水可根据情况多次进行。

③反复交替揭盖温室草帘，防止闪苗。揭开温室草帘后，要特别注意，随时进行观察，一旦发现植株打蔫，就要相间放下一部分草帘，待植株恢复后将草帘卷起，当植株再度出现萎蔫时，立即把上次没有放下过的草帘放下。如此反复进行几遍，蔬菜见到强光就不会萎蔫，可全揭开。第二天恢复正常管理。注意，此间一般不能通过放风来限制温度的升高。因为放风会降低空气湿度，增加植株的蒸腾。

④对蔬菜作物及时中耕松土，可提高地温，增加土壤透气性，以促新根生长。

⑤蔬菜受长时间的低温寡照，叶片易发生皱缩现象，是因为营养供应不足造成的，不要误认为是病毒病而反复用药。

⑥当蔬菜秧苗出现花打顶时，要及时摘掉小瓜、小果、并追施速效氮肥、适量浇水，以恢复茎叶的正常生长。

⑦连阴天到来之前，用医用维生素 B_1、维生素 B_6 和酰胺等量混合800倍液，另按5kg溶液中加入1支医用160万单位青霉素喷洒植株，可大大提高植株耐低温能力。

5. 预防风害

白天遇到大风天气，如果压膜不紧，屋面薄膜会上下摔打现象。时间久了会使薄膜破损，使作物受到损害。夜间遇到大风天气，容易把草帘吹的七零八落，使薄膜暴露出来，严重时薄膜破损，会遭受严重损失。所以，日光温室管理，必须时刻注意天气变化，遇到大风的夜间及早采取措施。

①扣紧棚膜，选用优质棚膜。在晴朗无风天扣棚膜，棚膜应拉紧绷平，膜边埋入土中压实，拉紧压膜线。经常检查压膜线是否松动。及时修补膜上的破损处，加固密封温室，温室墙体裂缝或通风口用泥糊严；提早用棚膜黏合剂或透明胶带及时修补棚膜破损部位，以防风从破损处向棚内鼓风加压揭膜。

②随时调节压膜线的松紧，及时紧固压膜线，压好棚膜。如果温室前屋面弧度小，压膜线压不牢，最好用竹竿或木杆压膜，夜间压膜线被风吹开的应及时拉回到原来的位置，在温室前底脚横盖草苫，再用木杆或石块压牢。

③注意收听收看天气预报，有大风时把放风口闭好。夜间有风时应把草帘压牢，以防大风吹起草帘；白天有风时，把棚膜吹得上下煽动时，隔开一定距离放下草帘，压住棚膜，并用拉绳把草帘固定好，防止揭膜。

④放帘时自东向西逐个压好；预报有大风天气时，放下草帘后用石块、土袋等重物压好，防止大风揭帘。

6. 寒流强降温天气管理措施

在持续晴天下，即使遇到寒流强降温，由于温室里热容量大，1～2天室内气温也不会降到适宜温度以下。但是，连阴天或降雪后又遇到寒流强降温天气，温室内储存的热量很少，容易遭受冻害。

①加强保温。遇到寒流强降温天气，可根据温室的保温性和栽培作物的不同，临时

扣中小棚，棚面再增加纸被、无纺布、整块旧塑料布、草帘等。

②临时辅助加温。辅助加温只要保证作物不受冻害即可，切不可把室内气温提得太高，影响正常发育。

③加强温室前部保温。冻害多发生在温室的前部，可在温室前底脚横盖草帘。

7. 受冻蔬菜作物管理措施

温室蔬菜受冻害后，天晴要缓慢升温，避免温度急骤上升使受冻植株组织坏死，等植株恢复生长后再全部揭开，避免因温度急剧上升而使蔬菜受冻组织坏死。

①人工喷水。喷水能增加室内空气湿度，稳定室温。

②剪除枯枝。及时剪去受冻的茎叶和果实，以免坏死的组织发霉病变，诱发病害。茄果类蔬菜可通过平茬截枝等措施，促发新枝。

③在室内搭棚遮阴，可防止受冻后的蔬菜免遭阳光直射。

④补施肥料。受冻植株缓苗后，要追施速效肥料，一般可用 0.2% 尿素或 0.2% 的磷酸二氢钾液叶面喷洒。

⑤防病治虫。植株受冻后，病害容易乘虚而入，要及时防治病虫害，植株受冻后，霜霉、灰霉、白粉等病易发生，天晴后，喷洒吲哚乙酸、赤霉素、碧护等营养液和植物生长调节剂，提高植株抗冻害能力。植株恢复生长后，要结合叶面施肥喷，施防治病虫的药剂。

8. 温室有害气体危害的判断与补救措施

①氨气。发生氨气积累的温室，清晨进入时可以嗅到氨气的特殊气味，用 pH 值试纸检测棚膜水滴呈碱性。发现有氨气积累时，首先，要找到发生源，立即予以消除，同时，注意放风排除。在植株上喷洒 100 倍的食醋。

②亚硝酸气。发现有亚硝酸气积累时，检测棚膜的水滴呈酸性。在注意放风排除的同时，植株喷洒 800 倍液的小苏打。

③一氧化碳（CO）和二氧化硫（SO_2）。一氧化碳和二氧化硫主要在加温过程中燃料燃烧不充分或燃料质量较差产生的，是加温温室常发生的有害气体。另外施用未经腐熟的人、畜粪便及油饼等有机肥料，在分解发酵过程中，也能放出二氧化硫。

防止棚室内产生一氧化碳和二氧化硫气体，除了施用充分腐熟的有机肥和经常通风换气外，温室加温时还应注意选择优质的燃料，且燃烧要完全，尽量不采用直接采暖火炉加温，炉子、烟道要抹严，做到不漏烟，不倒烟。

④乙烯（C_2H_2）和氯气（Cl_2）。这两种气体主要来源于聚氯乙烯棚膜。棚室内温度超过 30℃时，聚氯乙烯棚膜就会挥发乙烯和氯气。乙烯主要是加快作物衰老。叶片老化，产生离层，造成花、果、叶片脱落或果实没能长到应有的大小而过早成熟变软，降低产量和经济效益。氯气可使作物叶片褪绿变黄、变白，严重时枯死。

防除措施：一是尽量选用安全可靠、耐低温、抗老化的专用棚膜，质量不合格时薄膜含有对作物有害的填充物。二是要严格控制棚温在 30℃以下。三是如果发现棚室内作物出现乙烯或氯气危害，就要立即更换棚膜。若无法更换时，应在白天开启通风口，打开门窗，加大通风。四是在棚室内避免存放陈旧棚膜和塑料制品，以防高温时挥发有害气体。

⑤邻苯二甲酸二异丁酯。以邻苯二甲酸二异丁酯作为增塑剂而生产的塑料棚膜或其他塑料产品，在棚室内遇到高温天气，二异丁酯便会不断释放出来，积累到一程度就对作物产生危害。症状是幼嫩的新叶及叶尖颜色变淡，逐渐变黄，变白，严重时枯落。

防除措施：首先，不要选择以邻苯二甲酸二异丁酯作为增塑剂生产的塑料棚膜，要避免棚室出现高温；另外，要经常通风换气，以排出有害气体。

（四）水分

温室内水分包括土壤水分和空气水分。土壤水分灌溉的管理不仅影响到从土壤中吸收养分和水分，同时还影响到土壤空气含量、根的呼吸、土壤微生物活动和溶液浓度等。水分不足时，易引起生长迟缓、植株萎蔫等现象。水分过多时又会导致根系缺氧、坏死，所以，根据不同作物的不同的生长习性应合理供应水分是取得高产的一项重要因素。

大多数作物的浇水一般遵循“一大、二小、三晚”的原则。一大，也就是定植时的第一水必须是大水浇透。浇透后的土壤松软，减轻了根系生长的阻力，从而促进作物快速扎根。二小，是定植后的第二水，又称缓苗水，这一水则不能大水漫灌，要浇小水。因为这个时候土壤已经有了相当湿度，并且作物根系也开始扩繁，如果浇水量过大，则可能导致根系缺氧而沤根。三晚，就是浇第三水的时候要和第二水的时间拉长，适当晚浇。因为浇过第二水后，作物开始迅猛生长，如果这个时候水肥充足，会导致根系上浮，没有深根，并且容易营养生长过于旺盛，使作物徒长，所以，在此期间，适当控水蹲苗，促使根系下扎，又可减少旺长的发生。

浇水的时机一般遵循“三看”原则：看天、看地、看长势。看天，就是根据天气情况决定浇水时机。温室的浇水要在晴天进行，并且要保证浇水后至少要有2～3天的晴好天气。尤其是在冬季低温时期，这一点非常重要，浇水后如果遇到阴雨雪天气，土壤一直持续低温，会对根系造成不良影响。看地，就是根据土壤的干湿情况决定浇水时机。有不少菜农经常会问一个问题，多少天浇一水合适。实际上浇水是不主张按天数来决定的，因为不同的地区、不同的土壤性质以及不同的管理都会影响土壤水分散失的快慢，所以按照温室内土壤的实际干湿程度来决定是否浇水，才是比较科学的。看长势，需要浇水与否，还要取决于作物的生长情况。例如，前面提到的，浇过缓苗水，就要让土壤适度干旱，进行控水蹲苗，有的在生长过程中营养生长旺盛，甚至出现徒长等生长失调的现象时要控制浇水。相反，当植株生长较弱，或在盛果期，就需要水肥充足。

另外，在冬季低温时期浇水还要注意，尽可能浇小水，进行膜下灌溉，避免大水漫灌，且浇水次数不可过频。总之，综合上述因素，统筹考量，合理浇水，才能减少病害发生，达到丰产目的，最好采用滴灌或三通管道设施（图1－43至图1－44）。

二、营养平衡

我们知道，要保证我们身体的健康，要吃各种各样的食物保证营养供给。植物也一样，它们健康生长也需要营养，营养元素在植物体内的含量不同，所起的作用也不同，

图1－43　温室灌溉的三通管道

图1－44　温室灌溉的滴灌设施

有些是偶然进入植物体内，有些元素是必需的，必需营养元素的功能不能由其他营养元素代替，直接参与植物代谢，如缺少某种营养元素，植物就不能完成生活史。植物所需的养料一部分来自空气；另一部分则来自土壤。土壤是营养库，土壤中的养料需要不断加以补充，才能源源不断的供给植物生长所需。温室管理的目的就是人为地给予或创造良好的土壤环境，达到土壤平衡、肥料平衡和用药平衡的目的，使植物在其最适宜的土壤条件下得以健壮生长，这对蔬菜丰产、稳产具有极其重要的意义。

（一）土壤平衡

"任何技术都不如健康的土壤"，这是农业的根本。土壤与作物是一个完整的系统，土壤是本，作物是表，没有土壤，便没有了作物，没有好的土壤就没有好的作物。土壤平衡是以健康的土壤为核心，以土壤三元（微生物、有机质、矿物质）平衡为基础，从而实现"净土""洁食"的健康农业发展之路（图1－45）。

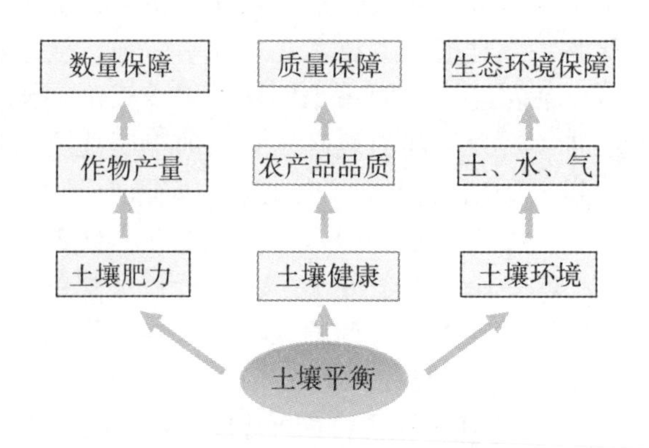

图1－45　土壤质量与农业的关系

1. 健康的土壤

"万物土中生"，绿色植物的生长离不开土壤。土壤不仅为它们提供了基底支撑条件，而且还源源不断地为其生长发育提供物质养分和环境条件。因此，土壤生态健康状况是实现食物双重安全——"数量安全"和"质量安全"的必要保障和物质基础，也是保证生物健康，特别是人类健康的重要途径。

健康的土壤是指土壤处于一种良好团粒结构和功能状态，能够提供持续而稳定的生物生产力、维护生态平衡、保持环境质量、能够促进植物、动物和人类的健康、不会出现退化，且不对环境造成危害的一个动态过程。健康的土壤包括以下5个层面的内容：

土壤物理健康，一个健康的土壤首先必须具备一定厚度和结构的土体：剖面发育、土层厚度、结构、机械组成、密度、容重、空隙度、紧实度、团聚体、新生体；

土壤营养健康，一个健康的土壤必须具备一定的养分储存：有机质、N、P、K、S、金属离子、阴离子、微量元素；

土壤生物健康，微生物多样性、动物多样性、生物活性、优势生物、土壤酶及其活性、土壤生物生物量、食物链状况、病菌状况、地下害虫；

土壤环境健康，一个健康的土壤必须具备一个健康的发育环境，不存在严重的环境胁迫：水分状况、温度状况、酸度状况、盐度状况、碱度状况、水土流失状况、人类开采状况、地质灾害状况、污染状况；

土壤生态系统健康，一个健康的土壤不仅需要各个组成部分的健康，而且需要生态系统整体上的健康，即要求各部分组成比例恰当、结构合理、相互协调，最终才能完成正常的功能。土壤肥力状况、作物生产力状况、土壤发育与演替阶段、土壤环境变化状况、土壤环境容量状况。

健康的土壤可以发挥以下功能。

①从源头上保障种植的植物是健康安全的。

②具有改善水源、大气、环境质量的能力。

③具有降解和转化污染、有毒废弃物为无毒形态的能力。

④直接或间接地促进动物、植物、微生物以及人体的健康。健康的土壤是植物健康和食品安全的关键，是环境变化的缓冲器，是环境污染的修复器。健康的土壤是实现“健康的土壤→微生物平衡→植物健康→动物健康→人类健康”的最高生态学理念。

2. 土壤中的生命

土壤不是死的，而是有生命的，蚯蚓、蚂蚁、蜘蛛、蜈蚣、蜗牛……还有数以亿计的肉眼看不见的微生物。土壤是微生物的天堂，也是微生物繁殖的自然基础，1g土中往往生活着几亿甚至十几亿个微生物，一亩地耕作层中含有活菌量在100～250kg，土壤中的微生物与真菌将动植物的残体腐化分解，变成植物可以吸收的养分。如果没有它们，植物就会饿死，人和动物也会灭亡，而地球就会成为一个巨大的垃圾场了。土壤中的微生物一般分为三大类，一类是对作物生长有益的良性菌，如固氮菌、根瘤菌、光合菌、磷细菌、钾细菌、放线菌和菌根真菌等，土壤中有些微生物和真菌与植物的根有着共生的关系。它们能够帮助根更好的吸收养分，或者为根制造某种养分，或是帮助植物生长得更健康。菌根真菌和根瘤菌就是这一类型的微生物。一类是对作物生长有害的恶性菌，如廉孢菌、丝核菌、腐霉菌、疫霉菌等。良性菌和恶性菌在土壤中数量都不大，而数量最大的是中性菌。中性菌的特点是，谁的实力强就跟谁跑。在正常情况下，良性菌与恶性菌势均力敌，过多施用化肥、农药时，良性菌就会遇到严重伤害，若长期大剂量高频次施用农药，良性菌伤害更加严重，微生态平衡就会遭到严重破坏，中性菌也就随之成为恶性菌，作物病害就会严重发生，而且难以治愈。土壤微生态特点告诉我们，在防治土传病害时，既要考虑准确用药，用好药，又要考虑少用药、小范围用药，尽量减少对有益菌的伤害，保护生态平衡。当土传病害发生时，首先要用药控制中心病株或中心区域周围 1～2m 以内的其他植株进行药物防治，尽量减少全田用药次数。

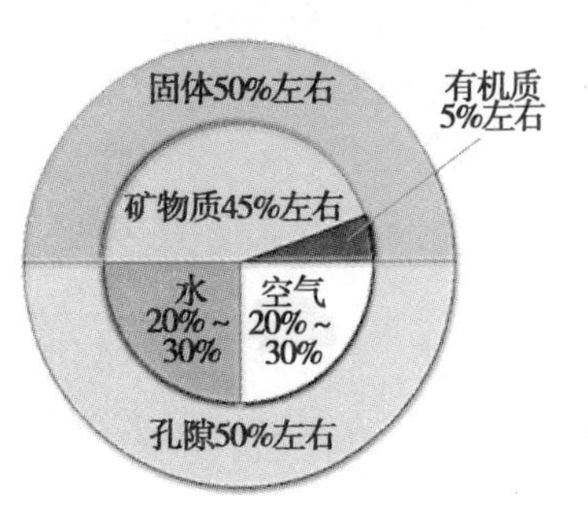

图 1－46　土壤的组成

土壤是由固体、液体和气体三相共同组成的多相体系（图 1－46）。好的土壤要有好的排水性、保水性和透气性，并富含植物所需的养分，植物才能长得好。理想的土壤由等比例的沙子、黏土和腐殖质混合而成。

土壤酸碱性可以从两个方面影响土壤养分的有效性。一方面是直接影响作物的生长及其对养分的吸收，过酸或过碱的土壤都不利于作物生长；在酸性条件下，作物吸收阴离子多于阳离子（氮、磷的吸收）；在碱性条件下，作物吸收阳离子多于阴离子（氮、钾及微量元素的吸收）。另一方面，土壤的酸碱度影响微生物活动和养分的溶解和沉淀作用，进而影响养分的有效性。如土壤中的氮一般是有机态的，需要经过微生物分解才能被植物充分利用，因此，微生物受到影响则氮的利用也就会受到影响。

3. 土壤改良

民以食为天，食以安为先，安以土为源。在保持土壤资源高强度利用的同时，又要维持和提高土壤质量，是我国今后农业可持续发展中所要解决的关键问题之一。“净土、洁食”也和“蓝天、碧水”一样，是中国可持续发展、国家生态安全的重要战略问题。由于大多数蔬菜棚都存在种植结构单一，连作、重茬等种植习惯，导致了土壤中的病菌不断积累，并且连续种植同一种作物使土壤中的养分偏耗，根系分泌的自毒物质增加，加上不科学的施用化学肥料，造成土壤的酸化、盐渍化、板结，这些因素已经严重影响作物的产量和品质，蔬菜的根部病害发生严重，果小低产，黄叶、早衰等现象普遍，根结线虫等顽固性害虫更是导致减产的重要因素，这些问题都严重制约了菜农的收入和蔬菜的可持续发展。因此，解决这些连作障碍的首要任务就是进行改良土壤。

（1）新建温室土壤改良

①新建温室土壤特点（图 1－47）：土壤有机质缺乏；养分含量少，比较贫瘠；熟土层较浅，有益菌群少；易板结，透气性较差。

②新建温室蔬菜长势状况：土传病害较少发生；根系不发达；长势细弱；营养供应不足，产量低。

③新建温室土壤改良：多增施粪肥、有机肥；增施有益菌，补充有益菌群；配方施肥，使养分均衡，用量按照配方要求的上限施用；定植后冲施复壮剂疏松土壤。

图 1－47 熟土层破坏

（2）老温室土壤改良

①老温室的土壤特点（图1－48至图1－51）：土壤板结，泛红泛绿泛白，盐渍化；养分残留积累严重；害虫虫卵多，病害菌多。

图1－48　土壤泛绿

图1－49　土壤泛白

图1－50　土壤泛红

图1－51　根结线虫危害的番茄根系

②老温室蔬菜长势情况：土传病害多，死棵现象易发生；肥料拮抗作用，植株缺素症；害虫危害严重。

③老温室的土壤改良：利用夏季空闲时期进行高温闷棚。

一是普通高温闷棚法：此方法是针对病虫害发生较轻的棚室，操作简单，省工省时，具体操作是把上茬作物残体清理干净后，把棚土深翻或旋耕，直接把棚室密闭，在高温晴好的天气状况下持续15～30天。

二是生石灰闷棚法：此方法是针对酸性土壤的有效改良方法，碱性土壤不适宜此法。具体操作如下：一亩地用生石灰150kg，粉碎后均匀撒施在土壤表层，旋耕或深翻，之后浇大水漫灌，关闭风口，高温情况下持续10～15天。

生石灰闷棚流程，见图1－52至图1－57。

图 1－52　清理上茬作物残体

图 1－53　粉碎石灰

图 1－54　均匀撒施

图 1－55　深翻土壤

图 1－56 大水浇灌

图 1－57 关闭风口

（二）肥料平衡

土壤含有作物生长所需的各种营养元素。植物体中水分占 75% ~95%，干物质占鲜体重的 5% ~25%。干物质中挥发性气态元素有 C、H、O、N（90% 以上），不挥发物质（灰分）有：P、K、Ca、Mg、S、Fe、Mn、Cu、Zn、Mo、B、Cl、Si、Na、Co、Al、Ni、V、Se等。目前已在植物体内检出70余种矿质元素，有的能满足作物所需、有的满足不了，施肥是为了补充不足，如果够量还施肥则是浪费成本。

1. 肥料的类型和作用

土壤是作物的“养分库”，但是这个“库”中的养分无论是数量上或是形态上都很难完全满足作物对营养的需要。所以，农业生产上需要通过合理施肥来解决作物需肥多与土壤供肥不足的矛盾。现在农业生产中，常用的肥料品种很多，根据肥料的来源、性质的不同，一般可划分为化学肥料、有机肥料和微生物肥料三大类，如图1－58。化学肥料也称无机肥料，是通过化学合成方式将某些含有肥料成分的矿物质，经过粉碎、精选、加工制成的肥料，一些属于工矿企业的副产品，具有矿物盐和无机盐性质的肥料都属于化学肥料。有机肥料过去多称为农家肥，是农村就地取材，就地积制而成的一种自然肥料，它们多是动植物残体或人畜粪便以及生活垃圾等，由于其含有丰富的有机物，因此，被称作有机肥料。微生物肥料是由人工培养的某些有益的土壤微生物制成的肥料，也称为菌肥。这类肥料本身不含有养分，也不能替代化学肥料和有机肥料，但它们可以通过有益微生物生长繁殖分泌的代谢产物来改善作物营养，刺激作物生长，抑制有害病菌在土壤中的活动，从而达到提高作物产量的目的。这三种不同性质的肥料作蔬菜基肥如何搭配才合理？生物菌肥配合农家肥和化肥才是最佳的蔬菜基肥方案。

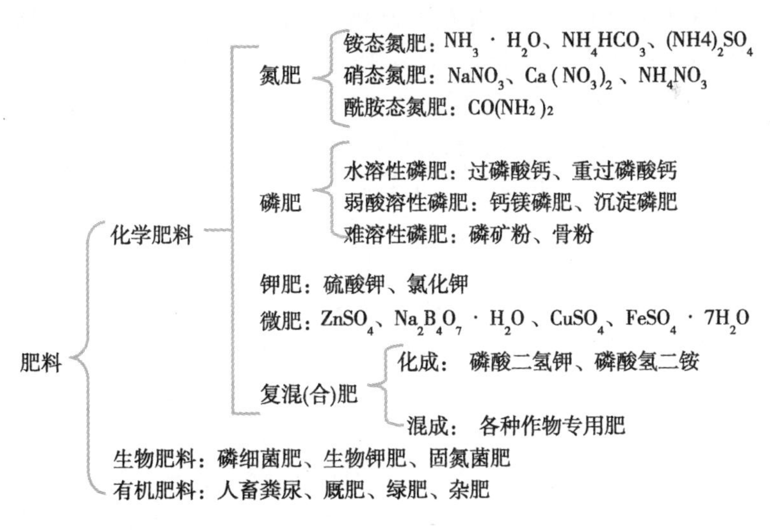

图1－58　肥料的种类

首先，底肥中有机肥要施足。有机肥营养全面，改土作用明显。

其次，注意速效无机肥（化肥）的配合施用，以满足蔬菜生长前期的生长需要，特别强调中微量元素补充，如铁、锌、钙、硼、镁等元素，如果缺乏，蔬菜易出现缺素症状。增施化肥能显著提高前期产量，主要表现在培育壮棵，花芽分化好，开花坐果能力强。但也不能单施化肥，因为化肥营养单一且肥效期短，无法满足整个蔬菜生育期的需要，并且常年施用化肥易造成土壤物化性质恶化和土壤生物量下降等不良后果。

农家肥和化肥配合施用好，再加上生物菌肥效果更好。施用农肥好比“食补”，施用化肥好比“药补”，施用生物肥好比“神补”。近几年，受重茬、连作等因素影响，各种病原菌在土壤中富集，导致土传病害加剧，萎蔫、死棵等现象发生普遍。生物菌肥内含大量对蔬菜作物有益的微生物。通过沟施或穴施后，一方面有益微生物通过大量繁殖，能迅速在蔬菜根际周围建立有益优势菌群，起到预防根部病害的作用；另一方面有益菌既能促进土壤有机质的分解和提高化肥肥效，又能产生次生代谢物刺激根系生长，可起到健身提神的作用。有机物与无机物之间要平衡，有机物缺乏则植株虚弱，无机物缺乏植株表现缺素，无机物过量植株生长不良，甚至出现元素中毒。有机物就是如氨基酸、核苷酸等物质，如果叶面喷施，可直接被叶片吸收，相当于多进行了光合作用，从而有效提高产量。生产中，喷施有机叶面肥，冲施腐殖酸或氨基酸类肥料，都是在调节这种平衡使植株含有更多的有机营养，促进壮棵。

根据作物必需的营养元素需求量的大小分为大量营养元素、中量营养元素和微量营养元素。

（1）大量营养元素

植物必需的大量营养元素包括碳、氢、氧、氮、磷、钾 6 种。它们在植物生长发育过程中起着十分重要的生理作用。

①碳、氢、氧：它们是植物体内各种重要有机化合物的组成元素，如碳水化合物、蛋白质、脂肪和有机酸等；植物光合作用的产物——糖是由碳、氢、氧构成的，而糖是植物呼吸作用和体内一系列代谢作用的基础物质，同时，也是代谢作用所需能量的原料；氢和氧在植物体内的生物氧化还原过程中也起着很重要的作用。

②氮：蛋白质和核酸中都含有氮素，而蛋白质又是构成原生质的基本物质。氮是叶绿素的组成成分。叶绿素是高等绿色植物进行光合作用不可缺少的物质；氮也是植物体内许多酶的成分。酶是一种催化剂，如同发面时用的“起子（酵头）”一样，能控制体内各种生物化学反应的过程；一些维生素和生物碱中也含有氮素。

③磷：磷是细胞核和核酸的组成成分，核酸在植物生活和遗传过程中有特殊作用：磷脂中含有磷，而磷脂是生物膜的重要组成部分；腺三磷成分中有磷酸，而腺三磷是植物体内能量的中转站，积极参与能量代谢作用；磷是植物体内各项代谢过程的参与者，如参与碳水化合物的运输，蔗糖、淀粉及多糖类化合物的合成；磷有提高植物抗旱、抗寒等抗逆性和适应外界环境条件的能力。

④钾：钾是光合作用中多种酶的活化剂，能提高酶的活性，因而能促进光合作用；钾能提高植物对氮素的吸收和利用，有利于蛋白质的合成；钾具有控制气孔开、闭的功能，因此，有利于植物经济用水；钾能促进碳水化合物的代谢，并加速同化产物向贮藏器官中运输；钾能增强植物的抗逆性，如抗旱、抗病等。

（2）中量营养元素

中量元素是指植物对其需求量处于中等水平，居于大量、微量元素之间的一类元素，它包括钙、镁、硫 3 种元素。其中，植物对钙的需求最大，镁和硫次之。

①钙：钙是质膜的重要组成成分，有防止细胞液外渗和早衰的作用；钙是构成细胞壁不可缺少的物质。缺钙时，影响细胞的分裂和新细胞的形成；钙是某些酶的活化剂，例如，淀粉酶；钙有中和酸和解毒的作用，如草酸钙的形成，对细胞的渗透调节有十分

重要的作用。

②镁：镁是叶绿素的组成成分，缺镁时植物合成叶绿素受阻；镁是糖代谢过程中许多酶的活化剂；镁能促进磷酸盐在体内的运转；它参与脂肪的代谢和促进维生素 A 和维生素 C 的合成。

③硫：有 3 种氨基酸中含有硫，因此，它是蛋白质的组成成分。缺硫时蛋白质形成受阻；在一些酶中也含有硫，如脂肪酶、脲酶都是含硫的酶；硫能提高豆科作物的固氮效率；硫参与植物体内的氧化还原过程；硫对叶绿素的形成有一定的影响。

（3）微量营养元素

植物所需的微量营养元素共有 7 种，即铁、硼、锰、铜、锌、钼和氯。它们的生理作用可归纳为以下几方面。

①某些酶的成分：大多数微量营养元素都是某些酶的组成成分。如铁是细胞色素氧化酶，过氧化氢酶，过氧化物酶的成分；锰是某些脱氢酶、羧化酶、激酶、氧化酶的成分；铜是多种氧化酶的成分；锌是碳酸酐酶的成分；钼是硝酸还原酶的成分。

②参与体内碳氮代谢：微量营养元素积极参与植物体内碳水化合物和蛋白质的代谢作用。如硼能促进碳水化合物的运输，有利于蛋白质的合成，并能促进籽粒的受精作用；锰能促进氨基酸合成肽，有利于蛋白质合成，也能促进肽水解生成氨基酸，并运往新生的组织和器官；锌与碳水化合物的转化有关，也能促进蛋白质的合成：铜对氨基酸活化及蛋白质合成有促进作用；钼能促进豆科作物固氮。

③与叶绿素合成及稳定性有关：铁是合成叶绿素时所必需的。植物缺铁会导致叶绿体结构破坏；锰直接参与光合作用过程中水的光解；叶绿体中含有较多的铜，它不仅与叶绿素合成有关，而且能提高叶绿素稳定性，避免叶绿素过早地被破坏。

④参与体内的氧化还原反应：铁与有机化合物结合后，能提高其氧化还原能力，以调节体内氧化还原状况；铜是植物体内很多氧化酶的成分，它以酶的方式积极参与体内氧化还原反应；锰参与氧化还原反应，影响硝酸还原作用。

⑤促进生物固氮：钼能促进豆科作物固氮。豆科作物缺钼表现为根瘤发育不良，根瘤少且小，降低固氮能力。铜对共生固氮作用也有影响。当植物缺铜时，根瘤内的末端氧化酶的活性降低，使固氮能力下降。

⑥促进生殖器官的发育：硼对作物生殖器官的发育有特殊的作用。它能刺激植物花粉的发育和花粉管的伸长，有利于受精。甘蓝型油菜的“花而不实”，棉花的“蕾而不花”，小麦的“穗而不实”，花生的“有壳无仁”以及果树的坐果率低、果实畸形都是缺硼的表现。

尽管作物对微量营养元素的需要量很少，但它们所起的生理作用却很重要。目前全国缺乏微量元素的农田面积有逐年增加的趋势。但是微肥的合理施用尚未引起广大农民足够的重视。从养分平衡和平衡施肥的角度来看，合理施用微肥将是进一步提高作物产量的重要措施。

2. 蔬菜的需肥特点

种菜要明白蔬菜的需肥特点，才能按其需要作好供应。蔬菜种类繁多，对肥料的要求也不尽一致，与大田作物相比，蔬菜在营养需求方面具有以下特点：

（1）蔬菜的需肥量大，耐肥能力强

由于蔬菜的产量高、生物产量大，随产品从土壤中带走的养分相当多，所以蔬菜的每亩需肥量要比粮食作物多得多。将各种蔬菜吸收养分的平均值与小麦吸收养分量进行比较，蔬菜平均吸氮量比小麦高4.4倍，吸磷量高0.2倍，吸钾量高1.9倍，吸钙量高4.3倍，吸镁量高0.5倍。蔬菜吸收养分能力强与其根系阳离子交换量高是分不开的。据研究、黄瓜、茼蒿、莴苣和芥菜类蔬菜的根系阳离子交换量都在400～600mmol/kg，而小麦根系阳离子交换量只有142mmol/kg，水稻只有37mmol/kg。由此可见，一般蔬菜生产的需肥量比粮食作物要多，这是蔬菜丰产的物质保证。如一亩地产黄瓜2万kg，番茄1万kg，黄瓜和番茄高产纪录都是在温室中创造的。按平均值分析，蔬菜对氮肥的需求量比小麦高出40%～60%，磷的吸收高20%，钾的吸收高2倍。再者蔬菜耐肥是因大多蔬菜作物的根系阳离子代换能力高所决定的。因此，种菜要增加施肥量，否则会严重影响产量和品质。在温室蔬菜生产中要重施有机肥作基肥，亩用量应达5 000kg左右，如果土壤黏重、瘠薄，使用量还应提高。许多蔬菜根系浅，表土下25cm深的土层中，有机质含量高低左右着氮磷钾水平的高低。如有机质含量为1%时，其氮的总量可达0.067%。如果有机质达2%，则氮就增加到上述数值的2倍。即土壤中的氮约占有机质的1/15，土地中有机质丰富，其他元素也随之提高，多施有机肥，既增加了有机质，还兼有改良土壤的优点。所以，保持有机肥有一个较高的使用量是非常重要的。有机肥中以畜禽类、作物秸秆沤制肥为最好。蔬菜施肥量应讲究有机肥与化肥的配合，氮磷钾与中微量元素的配合，一般情况蔬菜的基肥除有机肥外，一亩地还应施氮磷钾复混肥50～80kg，生长期还要以追肥的形式多次施肥，满足蔬菜的需要。

（2）带走的养分多

蔬菜除留种以外，均在未完成种子发育时即行收获，以其鲜嫩的营养器官或生殖器官作为商品供人们食用。因此，蔬菜收获期植株中所含的氮、磷、钾均显著高于大田作物，因为蔬菜属收获期养分转移型作物，所以，茎叶和可食器官之间养分含量差异小，尤其是磷，几近相同。相反，禾本科粮食作物属部分转移型作物，在籽粒完熟期，茎叶中的大部分养分则迅速向籽实（贮藏器官）转移。因此，禾本科粮食作物籽实的养分含量高。

（3）蔬菜喜硝态氮肥

氮肥分两类，一类是铵态氮；一类是硝态氮。蔬菜对硝态氮肥如硝酸铵、硝酸钾等含硝基的氮特别喜爱，吸收量高，而对铵态氮的氨水、碳铵、尿素等的吸收量小，需在土壤中经硝化细菌的转化才能增加吸收量。如果供肥中全部是铵态氮时对蔬菜会产生不利影响。蔬菜实际吸收铵态氮和硝态氮时，其中，铵态氮不应超过30%，如果长时间供铵态氮过多，会影响蔬菜的生长发育和产量。

在温室冬季生产中，施用铵态氮过量也易产生气害。因为蔬菜对氨气的耐受能力很低，一次的用量不能过高，在冬季温室土壤过湿和土壤温度偏低时更应注意。从另一方面看，人经常使用这种Vc含量低、硝酸盐含量高的蔬菜，其转化的亚硝酸盐会严重影响身体健康，有诱发癌症的风险。从这个角度看，应控制硝态氮使用量和使用时期。因铵态氮也能转化为硝态氮，所以，施肥中要讲究氮磷钾的配合，讲究施肥时期和用量，力求不过量用氮肥，才能使蔬菜硝酸盐含量不超过规定标准。

（4）蔬菜对钾肥要求高

大多数蔬菜在生长发育中后期，尤其是瓜类、豆类、茄果类蔬菜进入结荚结果结瓜期，对钾的吸收量会明显增加。在该时段，供肥应注意增加钾肥的比例。通常情况下，其用量即纯含量应超过氮元素。多数蔬菜需钾，应是氮供应量的1.5～2倍，要注意蔬菜的这种需钾特点，把钾肥施足。这不光是提高产量的关键，也是维持质量和品质的要求。

（5）蔬菜易缺硼

缺硼常会影响花芽分化，进而引发落花落果，也常能引起果实表面粗糙，形成小裂口或使果实和根内部变色，产生空隙，或使果实和块根产生木栓化，降低产品质量，也常使果实着色不良，使生长点发生停长，形成黑斑或使蔬菜茎秆发生开裂。所以，对土壤微量元素硼的补充使用是非常重要的。温室蔬菜对硼的需要远远超过了禾本科农作物水稻、玉米和小麦，一般是这些农作物的2～10倍，十字花科蔬菜如甘蓝、菜花、甜菜、萝卜等需硼量更高，是禾本科农作物的20倍左右，所以蔬菜栽培中很容易发生缺硼问题。这就需要栽培中重视硼肥的使用，每季蔬菜1亩地使用硼砂1kg左右，或在蔬菜生长发育过程中喷用99%速乐硼1 500倍或硼砂600倍2～5次。

（6）蔬菜需钙量大

萝卜的钙吸收量是小麦10倍，甘蓝为其25倍，据专家研究，蔬菜平均含钙量比禾谷类高12倍。蔬菜对硝态氮吸收量大，在体内形成的草酸也就多，钙丰富时，在蔬菜体内形成草酸钙，不致因草酸高而受害，引发果实脐腐等生理病害，还因蔬菜根系的阳离子代换量高。因钙为二价阳离子，所以，钙的吸收必然较高。在酸性土壤地区和降雨量大的地方就要很好的注意对蔬菜补充钙肥。发生钙缺乏时，可喷用1%的过磷酸钙或喷用0.5%的氯化钙混加6 000倍的爱多收，以补充钙的不足，维持蔬菜的正常发育。

3. 施肥误区

蔬菜施肥，目前在操作上存在着许多错误做法，菜农常进入以下误区。

（1）重化肥轻有机肥不施生物肥

只重化肥使用，轻视有机肥，甚至少施或不施有机肥是有害的、错误的，常会使土壤盐渍化，有的化肥品种还会使土壤酸化、土壤板结。土肥理论认为只有秸秆肥、生畜圈肥、家禽粪、人粪尿等有机肥才能供应蔬菜全面营养，改善土壤理化性质，补充土壤有机质的损耗。有机肥料不但能为作物提供各种肥料元素，更重要的是它能源源不断地释放二氧化碳。有机肥是蔬菜丰产的基础。蔬菜施肥要以有机肥为主，辅助以化肥、生物肥，既发挥有机肥肥效长、营养全面、改良土壤的特点，又利用了化肥、养分含量高，能迅速提高供肥水平的优势，两者结合才是施肥正道。

（2）化肥越多越增产

化肥含氮磷钾的成分高，而蔬菜比禾本科农作物“耐肥”，在一定范围内在施足有机肥的基础上增加化肥用量的确会增产，但是肥料使用的原理告诉我们，化肥使用超过一定的量，蔬菜产量和质量会降低，其报酬会递减。目前，很多菜农进入化肥施得越多越好的误区，不能自拔。因化肥过量使用产生肥害的已不是个别现象了，造成的烧根、黄叶、叶缘变黄在大棚菜生产中比比皆是，由此而产生的土壤板结、含盐量升高也是普遍问题。至今有的菜农不但不能认识过量施化肥这种危害，反而自作聪明地按一亩地施多少钱的肥来确定施肥量，常使蔬菜随时处于死亡的边缘。

（3）基肥、追肥不相关

基肥与追肥应综合考虑，才能更好地发挥肥效，避免浪费。如基肥用的是鸡粪，其氮磷元素通常较丰富而钾偏低，所以，应在鸡粪中适当掺入钾肥，在追肥时也应考虑基肥中肥料元素的丰富和缺乏，选用能补充基肥元素不足的化肥。两者同时考虑，这才是实质上的“平衡施肥”。

（4）盲目施肥

盲目施肥主要表现在：

①没考虑当时蔬菜最缺乏的肥是什么，最缺乏的肥就是最小养分量，对此菜农知道较少，有针对性的施肥较差，也往往只注重了氮磷钾，忽视了微量元素。

②没考虑综合平衡。如基肥使用了大量的鸡粪，鸡粪高磷高氮，钾相对是含量低，应注意钾的补充。

③没考虑买来的肥施用时需肥调整。如买来的是磷酸二铵，是高磷中氮无钾元素肥料，施入严重缺磷地块最适宜。一般菜田时应注意：A. 其含磷量太高，施入不缺磷的地块是种浪费。B. 肥中氮偏低，施用时配合加入1∶1的尿素最适合。可用于缺磷又缺氮的地块。C. 蔬菜结瓜结果期使用时显然无钾是大缺陷，是不适合用的，必须用时要补钾增氮，应按1∶1加入硫酸钾，补上钾，再加入部分尿素（约为30%）增氮才适宜。

（5）磷肥当做追肥用

磷肥在土壤中有容易被固定的特点，所以，磷肥应以作基肥为主，掺入有机肥中沤制或掺入基肥中一起使用是最好的办法。一茬蔬菜所需的磷肥可一次都混在基肥中用上，这样做可减少磷的固定，接触蔬菜根系多，效果会更好。作追肥就适得其反，易被固定。如必须追磷肥时，要用磷酸二铵或磷酸二氢钾等溶解性好的肥料品种，而不要用钙镁磷等难溶解易固定的磷肥。

（6）随便混合

不同成分的肥料混用，多能发挥养分全，搭配合理，省工省力优势。但不是任何肥都能混合搭配使用。除氮肥不能混草木灰等碱性肥外，磷肥要注意不能与锌肥混用，混后会有化学反应，使磷、锌被固定，变为蔬菜不能吸收的形态。含铁肥及铝含量高的肥也不宜与磷肥一起用，道理与混锌相同。

（7）大量元素施用过量，微量元素严重不足

不少菜农对氮磷钾肥普遍较为重视，施用量大。不少温室中三大元素使用量过量已造成了土壤溶液浓度高，部分土地出现了盐渍化问题。需要适当控制用量尤其是化肥的用量，而微量元素如硼、锌、钼等相对处于缺乏水平。而土壤最小养分律告诉我们：蔬菜产量不是随着某种超量使用的营养元素提高，而是随着相对而言含量低的“最小养分”变化，所以，应首先把缺乏的补上，才能大幅度提高产量；营养超量的要注意控制，以免造成对蔬菜的伤害。

（8）施含氯化肥

因氯化钾价格便宜，很多菜农使用在温室瓜菜中，这是不正确的。因为氯离子能降

低蔬菜的淀粉和糖含量，使蔬菜品质下降，产量降低；而且氯离子残留在土壤中，能导致土壤酸化，容易造成土壤脱钙，引起土壤板结，应改施用氯化钾为硫酸钾。尤其是对忌氯的甜菜、西瓜、土豆等菜类。

（9）土壤的富营养化

土壤中有的营养元素为高含量，甚至是超高含量，1998 年寿光的温室中速效氮、磷、钾的含量即有达到 1 000mg/kg 的，现在种植一年的温室也出现了这一现象。对菜农来说土壤变坏了，蔬菜变“馋了”，不施肥不长，施了肥料也不如以前长得好，特别是在连续种植 3 年以上的温室中更明显，这一问题在菜农连续使用肥料的方法不改变的温室中更为严重，逐步进入高投入低产出的怪圈，甚至许多蔬菜得了“富贵病”被撑死。

4. 营养防病具体措施

要想提高以肥防病的效果，可以从以下几方面着手。

（1）讲究施肥原则

第一，重视营养元素之间的平衡。正确的做法是因地施肥，因作物施肥。当然能做到测土配方施肥就更好了。第二，有机肥与无机肥（化肥）配合施用。有机肥除含有作物必需氮、磷、钾外，还含有中、微量元素，是一类多营养成分的肥料，与化肥配合施用增产效果十分显著。化肥之所以不能代替有机肥，是因为土壤肥力并不单是为作物提供营养元素，还要为形成土壤团粒结构积累有机质，协调土壤水、肥、气、热平衡，为作物吸收养分创造有利条件。另外，有机肥料还含有大量的有益微生物，对病害特别是土传病害有拮抗作用。当然，单一施用有机肥就像单一施用化肥一样，对提高经济效益不明显，只有两者配合施用才能发挥最好的效益。

（2）根据不同的土质选择合适有机肥

棚室土壤质地不同，适用的有机肥种类也应有差别。目前，菜农使用的有机肥主要有鸡鸭粪、牛羊粪、猪粪等。这些有机肥各有特点，适合不同的土壤条件。壤土质地最好，所有的粪肥都适合使用；而黏土地质地黏重，为了改良土质，以使用有机质含量高、养分含量相对少的牛羊粪和猪粪最好；沙土地漏水漏肥严重，养分流失快，也适合使用有机质含量高，养分含量相对较低的牛羊粪和猪粪等。鸡鸭粪中有机质含量在 25% 左右，养分含量较高，是目前使用最多的粪肥种类（如鲜鸡粪、烘干鸡粪、稻壳等），鸡鸭粪属热性粪肥，发酵产热多，施用在土层深厚、土壤盐离子浓度较低的壤土上效果最好。但是鸡鸭粪很容易诱发地下害虫，且尿酸态氮不能被作物直接吸收利用，须经充分腐熟后才能施用。羊粪中有机质含量在 20% 左右，养分含量中等，腐熟时可加入少量的氮肥。羊粪速效性好，当年效果好，适用于各类土壤和各类作物，增产效果均好。猪粪养分含量丰富，钾含量在畜粪中最高，氮磷含量仅次于羊粪。猪粪质地较细密，氨化细菌较多，易分解，肥效快，利于形成腐殖质，改土作用好。猪粪肥性柔和，后劲足，属温性肥料。适于各种作物和土壤。牛粪腐熟缓慢，肥效迟缓，发酵温度低，属冷性肥料。为加速分解，可将鲜牛粪稍加晒干，再与其他粪肥混合堆沤。牛粪养分含量低，碳氮比很大，施用时要注意配合使用速效氮肥，以防肥料分解时微生物与作物争氮。牛粪一般只作基肥使用，改土效果比较好。

（3）粪肥一定要做到完全腐熟

粪肥单纯堆放并不能做到完全腐熟，即使有的粪肥经过几个月的堆放，已经成为干燥的鸡粪，也不一定意味着完全腐熟，只是里面水分含量减少了。粪肥腐熟不完全会引起以下问题：烧根、烧苗、产生气害、增加土壤盐分、卵虫为害。

（4）中量元素钙镁硫的补充

中量元素缺乏不容忽视，近年来蔬菜生理性缺素症频频发生，尤以缺乏中量元素为多，中量元素成为限制蔬菜产量和品质的瓶颈。

植物因缺钙表现出来的病症也最多，比如茄果类蔬菜因缺钙引起的脐腐病、叶菜类蔬菜的干边、烧心等症状，植物缺镁和缺硫也有小面积发生。

（5）微量元素的补充

微量元素为硼锌锰铁铜钼氯等营养元素，注意微量元素是作物生长所必需的，但并不是可以随便增加其施用量。目前，常规用量为硫酸亚铁及硫酸锌一亩地 2.5 ~ 3kg，硼砂（或硼酸）或硫酸钼一亩地 1 ~ 1.5kg。微量元素之所以称为“微”，是因为蔬菜对其需求量小，并不是指对蔬菜生产的重要性而言的，其与大、中量元素一样都直接影响着蔬菜的生长。如硼肥直接参与花芽分化，缺乏易造成花而不实或植株生长不良；锌肥直接影响着根系的生长速度，缺乏易造成心叶变小变黄。因此，施用底肥时一定要注意微量元素的使用，如硼肥，可用硼砂，亩用 0.5 ~ 15kg；锌肥，可用硫酸锌，亩用 1 ~ 1.5kg。

5. 生粪发酵

（1）生粪的危害

温室大棚施用生粪的做法是普遍的，或者是经过简单的沤堆处理后就直接施用，未腐熟的有机肥有三大害处：一是土壤中会发酵产生热量影响作物根系生长；二是含有大量病菌、虫卵，作物易受病虫危害；三是未腐熟的畜禽粪肥中的氮肥以尿酸（$C_6H_4N_4O_3$）或尿酸盐存在，作物不但不能吸收，还危害作物根系生长发育。所以，有机肥必须腐熟才能施用。有机肥一经腐熟，一部分养分转化为速效，磷的利用率可高达 30% ~40%，钾的利用率可达 60% ~70%，大大超过了磷化肥，钾化肥的利用率。

（2）粪肥腐熟方法

粪肥腐熟方法不合理导致土传病虫害（根腐病、枯萎病、立枯病、根结线虫）的不断蔓延，因为生粪中含有大量的病原菌和寄生虫，给土壤造成了极大危害。生粪施入土壤后，在土壤中腐熟和分解的过程中要产生大量的热量和有害气体，这就使蔬菜定植后烧根熏苗的现象经常发生，给蔬菜生产造成巨大损失，因此，正确的腐熟粪肥，才是减少土传病虫害发生，避免烧根熏苗的一项重要措施。

①倒堆发酵法。

②按照 1 瓶有机发酵菌可发酵 $3m^3$ 粪肥的比例准备好发酵菌。

③将有机发酵菌稀释到喷雾器。

④粪肥一边翻堆，一边均匀喷雾（图 1 –59）。

⑤倒堆完毕后粪堆上覆盖棚膜，高温时期持续 15 ~30 天（图 1 –60）。

图 1－59　喷施发酵菌

图 1－60　粪堆上覆盖棚膜

倒堆发酵法的优点是发酵菌与粪肥混合的均匀，发酵效果好；缺点是费工费时。

6. 打孔发酵法

①同样按照 1 瓶发酵菌发酵 $3m^3$ 粪肥的比例准备好有机发酵菌，之后把发酵菌稀释（图 1－61）。

②用竹竿或木棍（铁棍）一头削尖，到粪堆上边插孔，孔与孔的距离大致 40cm，孔的深度大约插到粪堆的 2/3 处即可（图 1－62）。

图 1－61　稀释发酵菌

图 1－62 打孔

③把稀释后的有机发酵菌均匀灌入孔中（图 1－63）。

④灌完后粪堆覆盖棚膜，棚膜外覆盖旧草帘，高温情况下持续 15～30 天（图 1－64）。

此方法操作简单，省工省时，且粪肥的腐熟效果也不错，深受菜农的喜欢。

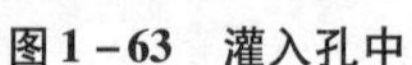
图1－63　灌入孔中

图1－64　覆盖棚膜、旧草帘

（三）用药平衡

从健身栽培即满足植物所需各类营养素的角度上来说，得病与缺乏营养有关。如果各种营养素平衡，蔬菜就大大降低了发病机率。从植物营养学、生理学和病理学角度来说，平衡合理施肥不仅能避免土壤养分失调，促进作物健壮生长，还能减少各种病害的发生与发展。植物传染性病害有3 000余种，它们的发生与发展除了与环境温度、湿度有关以外，真菌性病害还与作物碳、氮比失调（C/N－3为宜），钾、氮比失调和缺钾、缺硼有关；细菌性病害与作物缺钙、缺铜有关；病毒性病害与作物缺锌、缺硅有关。钾、锌、硼3种营养元素是真菌、细菌、病毒三大传染性病害发生与发展的关键元素，这3种元素恰恰也是目前我们国家耕地最缺的元素。时下，随着人们生活水平的提高，老百姓在吃饱、吃好的基础上，对吃得安全不安全越来越上心，而“香河韭菜”、“海南豇豆”等农产品农药残留超标事件的发生，更让老百姓“谈药色变”，如果按照现有的施肥指导思想施肥，再加上老百姓对施肥的错误认识，往往因施肥不当造成对环境的污染，农产品品质下降，甚至生产出不安全的农产品等问题，不声不响地，农药就这么悄然背上了骂名。

1. 药肥同源

农药有那么可怕吗？食物问题和生态环境问题，前者是生存是根本，后者与生存之质量、人类的健康息息相关。人类社会仍然需要农药，首先是因为需要更多的粮食，还因为农药在控制某些人类疾病方面极为重要。“药肥同源”是由《黄帝内经》中的“药食同源”的原理引申出来的。倡导“食物”是天然的医生。中国中医学自古以来就有“药食同源”（又称为“医食同源”）理论。这一理论认为：许多食物既是食物也是药物，食物和药物一样同样能够防治疾病。在古代原始社会中，人们在寻找食物的过程中发现了各种食物和药物的性味和功效，认识到许多食物可以药用，许多药物也可以食用，两者之间很难严格区分。这就是“药食同源”理论的基础。农药是重要的农业生产资料，在农业有害生物的应急防控工作中有着不可替代的地位和作用。据世界卫生组织报道，1948～1970年，由于使用了滴滴涕，人类免于死于疟疾人数达5 000万之多，免除疫病患者达10亿之多。英国的L. Copping博士在2002年曾指出“如果停止使用农药，将使水果减产78%，蔬菜减产54%，谷物减产32%”。据统计，我国因使用农药每年可挽回粮食损失5 400万t，棉花160万t，蔬菜1 600万t，水果500万t，减少经济损失300亿人民币。我国早在1975年就提出“预防为主，综合防治”的植物保护方针。综合防治应该理解为从生态学的观点出发，全面考虑生态平衡、经济利益及防治效果，综合利用和协调农业防治、物理和机械防治、生物防治及化学防治（使用农药）等有效的防治措施，将有害生物的危害控制在一个可以接受的水平。化学防治具有对有害生物高效、速效、操作方便、适应性广及经济效益显著等特点，因此，在综合防治体系中占有重要地位。在目前及可以预料的今后很长一个历史时期，化学防治仍然是综合防治中的主要措施，是不可能被其他防治措施完全替代的，否则，人类将陷入另一种不安全状态——吃不饱。

“不治已病治未病”的思想同样适用于植物。“不治已病治未病”也同样出自于《黄帝内经》，当代的预防医学就是以这种观点作为指导思想。例如，现代医学上的防重于治的思想，预防接种，系统免疫措施等都与“不治已病治未病”的概念如出一辙。同样从人类免疫接种的经验来看，对于任何一种严重的传染病，提前免疫接种具有预防效果，但是，如果一旦感染了这种传染病，再搞免疫接种是没有什么效果的。从植物营养元素的养分与非养分作用角度看，合理施肥不仅能促进作物生长，还能减少病害发生。

（1）走出农药防治病害的误区

传统的植保观念认为，只有农药才能防治作物病虫害，所以，很多农民对打药很重视，而忽视了其他防病措施。这其实是植保观念一种误区。用农药防治作物病害是一种治标措施，不能从根本上解决作物病害问题，反而带来一系列的恶果，如造成环境与农产品污染，影响人们的身体健康，增强病菌的抗药性及增加生产成本等，防治作物病害最根本的措施应该是通过科学的栽培管理和均衡的营养供应来培育健壮植株，使作物少得病或不得病，从而少用农药，甚至不用农药。

（2）营养防病机理

①增强作物抗病菌侵染能力。如施用钾肥能促进纤维素和木质素形成，使病菌难以侵入体内；适量的钙、锌、硼能使作物表皮细胞膜稳定性提高，减少向外溢泌小分子营养物质，如葡萄糖、氨基酸等，从而减轻病菌侵染。

②促进作物体内酚类化合物的形成。一般来说，凡是体内含酚量高的作物或品种，抗病能力强，因为酚有杀菌作用。适量施钾肥，可增加作物体内含酚量，减少病菌危害，偏施氮肥或氮肥过多，作物含酚量降低，容易感病。

③促进蛋白质形成。一般认为，病菌、病毒只能以小分子的糖类和氨基酸及其酰胺类为氮源养料，进行生命活动。增施钾肥促进可溶性氮（氨基酸及其酰胺类）形成大分子的蛋白质，病菌、病毒难以吸收利用，因而抗病性提高。还有微量元素硼、锌等，也能促进氨基酸转化为蛋白质，减少作物体内游离态氨基酸含量，这是施硼、锌微量微肥能减少作物发病的重要原因。

④促进淀粉形成。作物抗病性与自身体内淀粉含量有密切关系，因为淀粉含量高，体内可溶性氮含量低，碳、氮比值大，不利于病菌繁殖，因而不易发病。据研究，水稻体内淀粉含量在分蘖期和抽穗期很低，而此时正是稻瘟病容易发生时期，磷、钾肥能促进光合作用和淀粉形成，因而能增强抗病性。微量元素铁、锌、锰、铜等，对光合作用的正常进行是必不可少的，高分子碳水化合物的形成也离不开这些微量元素，微量元素

缺乏时，作物抗病性弱。硼虽然不直接参与光合作用合成蛋白质，但硼不足时，光合产物糖类和氨基酸等就会在叶片大量积累，使叶片变厚、变脆，甚至畸形，阻碍光合作用的继续进行，所以硼也是重要抗病营养元素。

⑤直接杀伤病原菌。如锌具有直接毒害病原体的能力对病毒具有固定作用，阻碍病原体向上移动；铜、锰对病原菌也有毒性。

2. 温室蔬菜病虫害发生的特点

温室是人为创造的一个相对封闭小气候环境，在适宜于蔬菜生长的同时，也为病虫害的滋生为害创造了一个天然良好的发生环境。所以与露地相比，病虫害发生的数量、时间、程度等都与露地明显不同。从某种意义上讲，设施农业的出现，打破了原来病虫害发生的自然生态平衡，平衡的破坏就要付出巨大的代价，也带来诸多的困难和问题。实质上在温室内栽培蔬菜，因其设施封闭性能良好，病虫害不容易传播，只要技术措施得当，病虫害应该比露地栽培显著减轻，甚至可以做到不发生病虫危害。那么为什么病虫害日趋严重呢？菜农在管理上有以下误区。

①大多数菜农在病虫害的防治上单纯依靠化学防治，只注意喷洒农药治病、灭虫，不注意运用农业、生态、物理等综防措施，不注意提高作物自身的抗逆性、适应性。提高作物自身对病虫危害的免疫力，则可不得病、少得病，既减少了用药，降低了成本，又提高了产量、品质，增加了经济效益。

②大多数菜农不注意或极少注意封闭温室，各温室之间的操作人员经常地相互串走，随便进入对方温室，给病菌、害虫的传播提供了方便、提供了媒体。结果是一室得病，全村传播，无一温室能够幸免。

③不少菜农不实行轮作，多年来只栽培一种作物，每年换茬时又不注意实行高温闷棚，铲除室内病菌和虫害，造成多种病菌、害虫在室内长期孳生发展，特别是根结线虫的大量发展，给温室的病虫害防治增加了困难、增加了用工、提高了成本。

④多数菜农用药时不讲科学，不问病虫害种类，不管药品性质，几种农药胡乱混配，并随意提高使用浓度。这种做法不但不能有效地防治病虫害，反而对作物本身造成了严重的药害。笔者考察发现，90%以上的温室作物都有不同程度的药害发生，这种现象的发生，严重影响了作物正常的生长发育，引起了作物产量的急剧下降，造成温室栽培投资高而经济效益低下。

⑤大多数菜农不注意消灭和控制病虫源，几乎所有的温室，室外都散放有病虫叶、病虫果、秧蔓等各种作物的残体，这些作物残体存有大量的病菌和害虫，如不及时深埋、沤肥或烧毁，让其存在于温室的周围，就会不断地向外释放病菌、虫害。操作人员从旁经过，身上会带有病菌，进入温室后会传染给室内作物，引起发病。温室通风时，病菌、害虫还可从通风口传入，危害作物。

3. 农药安全使用

一要改变观念，从重视产量到产量与品质安全并重；二要改变行为，增强安全用药意识，掌握科学用药技能，改变落后用药行为，提高科学用药水平。

（1）合理选药

①根据防治对象选择对路药剂。

②优先选用高效、低毒、低残留农药。优先选用生物农药，坚决不用国家明令禁止农药。

③选用水乳剂、微乳剂、水溶性粒剂等环保剂型产品。

（2）安全配制

①用准药量。根据植保部门要求或农药标签上推荐的用药量使用。不随意混配农药，或任意加大用药量。

②采用“二次法”稀释农药。水稀释的农药：先用少量水将农药稀释成“母液”，再将“母液”稀释至所需要的浓度；拌土、沙等撒施的农药：应先用少量稀释载体（细土、细沙、固体肥料等）将农药制剂均匀稀释成“母粉”，然后再稀释至所需要的用量。

（3）科学使用

①适期用药。根据病虫发生期及农药作用特点，在防治适期内使用。

②用足水量。一些农民朋友在使用农药时，为减少工作量，往往多加药少用水，用药不均匀，防效差，并且增强病菌、害虫的耐药性，超过安全浓度还会发生药害。

③选择性能良好的施药器械。应选择正规厂家生产的药械，定期更换磨损的喷头。

④注意轮换用药。抑制抗药性。

⑤添加高效助剂：如植物油助剂和有机硅助剂，可有效提高药效，减少化学农药用量。

⑥严格遵守安全间隔期规定。农药安全间隔期是指最后一次施药到作物采收时的天数，即收获前禁止使用农药的天数。在实际生产中，最后一次喷药到作物（产品）收获的时间应比标签上规定的安全间隔期长。为保证农产品残留不超标，在安全间隔期内不能采收。

（4）安全防护

①施药人员应身体健康，经过培训，具备一定植保知识。年老、体弱人员，儿童及孕期、哺乳期妇女不能施药。

②施药前检查施药药械是否完好，施药时喷雾器中的药液不要装得太满。

③要穿戴防护用品。如手套、口罩、防护服等，防止农药进入眼睛、接触皮肤或吸入体内。

④要注意施药时的安全。下雨、大风、高温天气时不要施药，高温季节下午16:00后温度下降时施药，以免影响效果和安全；要始终处于上风位置施药不要逆风施药；施药期间不准进食、饮水、吸烟；不要用嘴去吹堵塞的喷头。

⑤要掌握中毒急救知识。如农药溅入眼睛内或皮肤上，及时用大量清水冲洗；如出现头痛、恶心、呕吐等中毒症状，应立即停止作业，脱掉污染衣服，携农药标签到最近的医院就诊。

⑥要正确清洗施药器械。施药药械每次用后要洗净，不要在河流、小溪、井边冲洗，以免污染水源。农药废弃包装物严禁作为它用，不能乱丢，要集中存放，妥善处理。

（5）安全贮存

①尽量减少贮存量和贮存时间。

②贮存在安全、合适的场所。农药不要与食品、粮食、饲料靠近或混放。不要和种子一起存放。

③贮存的农药包装上应有完整、牢固、清晰的标签。

4. 严格遵守安全间隔期规定

农药安全间隔期是指农作物最后一次施药的时间到农产品收获时相隔的天数，即收获前禁止使用农药的天数，可保证收获农产品的农药残留量不会超过国家规定的允许标准。严格遵守安全间隔期规定，就控制了蔬菜安全的总阀门。蔬菜农药残留一直是人们最关心的问题，为确保蔬菜安全最后一次喷药与收获之间的时间必须大于安全间隔期，不允许在安全间隔期内收获作物。各种农药因其特性、降解速度不同，其施用后的安全间隔期也有所不同，见1－1表。在购买使用农药时一定要看农药标签的注意事项，特别要注意农药使用的安全间隔期，确保广大人民群众“舌尖上的安全”。

表1－1　农药安全使用标准

蔬菜	农药	剂型	常用药量或稀释倍数	施药方法	最多使用次数	安全间隔期（天）	实施说明
青菜	乐果	40%乳油	50ml/亩 2 000倍液	喷雾	6	不少于7	秋冬季间隔期8天
	敌百虫	90%固体	50g/亩 2 000倍液	喷雾	5	不少于7	秋冬季间隔期8天
	敌敌畏	80%乳油	100ml/亩 1 000～2 000倍液	喷雾	5	不少于5	冬季间隔期7天
	乙酰甲胺磷	40%乳油	125ml/亩 1 000倍液	喷雾	2	不少于7	秋冬季间隔期9天
	二氯苯醚菊酯	10%乳油	6ml/亩 10 000倍液	喷雾	3	不少于2	
	辛硫磷	50%乳油	50ml/亩 2 000倍液	喷雾	2	不少于6	每隔7天喷1次
	氰戊菊酯	20%乳油	10ml/亩 2 000倍液	喷雾	3	不少于5	每隔7～10天喷1次
白菜	乐果	40%乳油	50ml/亩 2 000倍液	喷雾	4	不少于10	
	敌百虫	90%固体	100g/亩 1 000倍液	喷雾	5	不少于7	秋冬季间隔期8天
	敌敌畏	80%乳油	100ml/亩 1 000～2 000倍液	喷雾	5	不少于5	冬季间隔期7天
	乙酰甲胺磷	40%乳油	125ml/亩 1 000倍液	喷雾	2	不少于7	秋冬季间隔期9天
	二氯苯醚菊酯	10%乳油	6ml/亩 1 0000倍液	喷雾	3	不少于2	
大白菜	辛硫磷	50%乳油	50ml/亩 1 000倍液	喷雾	3	不少于6	

（续表）

蔬菜	农药	剂型	常用药量或稀释倍数	施药方法	最多使用次数	安全间隔期（天）	实施说明
甘蓝	氰戊菊酯	20%乳油	20ml/亩 4 000 倍液	喷雾	3	不少于5	每隔8天喷1次
	辛硫磷	50%乳油	50ml/亩 1 500 倍液	喷雾	4	不少于5	每隔7天喷1次
	氯氰菊酯	10%乳油	80ml/亩 4 000 倍液	喷雾	4	不少于7	每隔8天喷1次
豆菜	乐果	40%乳油	50ml/亩 2 000 倍液	喷雾	5	不少于5	夏季豇豆、四季豆间隔期3天
	喹硫磷	25%乳油	100ml/亩 800 倍液	喷雾	3	不少于7	
萝卜	乐果	40%乳油	50ml/亩 2 000 倍液	喷雾	6	不少于5	叶若供食用，间隔期9天
	溴氰菊酯	2.5%乳油	10ml/亩 2 500 倍液	喷雾	1	不少于10	
	氰戊菊酯	20%乳油	30ml /亩 2 500 倍液	喷雾	2	不少于21	
	二氯苯醚菊酯	10%乳油	25ml/亩 2 000 倍液	喷雾	3	不少于14	
黄瓜	乐果	40%乳油	50ml/亩 2 000 倍液	喷雾		不少于2	施药次数按防治要求而定
	百菌清	75%可湿性粉剂	100g/亩 600 倍液	喷雾	3	不少于10	结瓜前使用
	粉锈宁	15%可湿性粉剂	50g/亩 1 500 倍液	喷雾	2	不少于3	
	粉锈宁	20%可湿性粉剂	30g/亩 3 300 倍液	喷雾	2	不少于3	
	多菌灵	25%可湿性粉剂	50g/亩 1 000 倍液	喷雾	2	不少于5	
	溴氰菊酯	2.5%乳油	30ml/亩 3 300 倍液	喷雾	2	不少于3	
	辛硫磷	50%乳油	50ml/亩 2 000 倍液	喷雾	3	不少于3	
番茄	氰戊菊酯	20%乳油	30ml/亩 3 300 倍液	喷雾	3	不少于3	
	百菌清	75%可湿性粉剂	100g/亩 600 倍液	喷雾	6	不少于23	每隔7~10天喷1次
茄子	三氯杀螨醇	20%乳油	30ml/亩 1 600 倍液	喷雾	2	不少于5	

（续表）

蔬菜	农药	剂型	常用药量或稀释倍数	施药方法	最多使用次数	安全间隔期（天）	实施说明
辣椒	喹硫磷	25%乳油	40ml/亩 1 500 倍液	喷雾	2	不少于 5 （青椒）	红辣椒安全间隔期 不少于 10 天
洋葱	辛硫磷	50%乳油	250ml/亩 2 000 倍液	垄底浇灌	1	不少于 17	洋葱结头期使用
	喹硫磷	25%乳油	200ml/亩 2 500 倍液	垄底浇灌	1	不少于 17	洋葱结头期使用
大葱	辛硫磷	50%乳油	500ml/亩 2 000 倍液	行中浇灌	1	不少于 17	
	喹硫磷	25%乳油	100ml/ 亩 2 500 倍液	垄底浇灌	1	不少于 17	
韭菜	辛硫磷	50%乳油	500ml/亩 800 倍液	浇施灌根	2	不少于 10	浇于根际土中

5. 土传病害多及有根结线虫危害的土壤改良

设施栽培中，由于塑料薄膜长期覆盖，土壤本身受雨水淋溶较少，加之不少菜农在设施管理当中，大量使用速效氮素化肥，造成土壤中盐基不断地增多、积累，使土壤的盐碱含量不断提高，形成土壤盐渍化。土壤盐渍化以后，会大大影响作物的生长发育，甚至造成室内作物的大量死亡、无法生存，最终不得不终结设施栽培。这种现象，已经为众多的实践所验证。但是土壤盐渍化并非设施栽培的必然规律，而是错误操作造成的。

（1）根结线虫特性

目前，已知为害蔬菜的线虫主要有高弓根结线虫、花生根结线虫、北方根结线虫、南方根结线虫、爪哇根结线虫以及甜菜根结线虫等。线虫寄主范围广泛，常为害瓜类、茄果类、豆类及萝卜、胡萝卜、莴苣、白菜等 30 多种蔬菜，还能传播一些真菌和细菌性病害。根结线虫主要为害各种蔬菜的根部，表现为侧根和须根较正常增多，并在幼根的须根上形成球形或圆锥形大小不等的白色根瘤，有的呈念珠状。被害株地上部生长矮小、缓慢、叶色异常，结果少，产量低，甚至造成植株提早死亡。

（2）处理方法

①首先按照土壤消毒剂闷棚法进行土壤处理。施底肥耕地时均匀撒施新型生物防线剂 5%“杜诺线克”，一亩地撒施 4～6kg，定植时，定植穴内一亩地均匀撒施 2～3kg，可与抓窝有机肥料肽素活蛋白混合撒施。

②选择新型土壤消毒剂“土清博士”。

用量：病虫害严重的每亩地用 5 桶（100kg）；病虫害一般的每亩地用 3～4 桶（60～80kg）。闷棚流程，见图 1－65 至图 1－68。

图1-65　把棚室清理干净后旋耕

图1-66　东西向覆盖地膜

图1-67　把“土清博士”稀释

图1-68　灌水冲施“土清博士”

三、管理平衡

蔬菜特别是瓜果类蔬菜，都是以植株果实为价值器官，处理好地上部与地下部、营养生长与生殖生长两大平衡关系，才能促进果实的正常生长。

（一）地上部与地下部发育的平衡

根深才能叶茂，叶茂才能根深。在植物的生活中，地下部分和地上部分的相互关系首先表现在相互依赖上。地下部分的生命活动必须依赖地上部分产生的糖类、蛋白质、维生素和某些生长物质，而地上部分的生命活动也必须依赖地下部分吸收的水肥以及产生的氨基酸和某些生长物质。地下部分和地上部分在物质上的相互供应，使它们相互促进，共同发展。“根深叶茂”、“本固枝荣”等就是对这种关系最生动的说明。地下部分和地上部分的相互关系还表现在它们的相互制约。除这两部分的生长都需要营养物质，从而会表现竞争性的制约外，还会由于环境条件对它们的影响不同而表现不同的反应。例如，当土壤含水量开始下降时，地下部分一般不易发生水分亏缺而照常生长，但地上部分茎、叶的蒸腾和生长常因水分供不应求而明显受到抑制。叶没有了根，就缺少了进行光合作用的必要水分；根没有了叶，就失去了养分的供给，根与叶的关系可以概括为：“生理上相互营养，形态上交替生长，长势上相互平衡，解剖上彼此对称”。因此我们必须调节好植株的上、下关系。

1. 加强蔬菜植株叶片的养护

“根靠叶养，叶靠根长”。蔬菜的根系和叶片之间是相互依赖、相互依存、相互促进和缺一不可的关系。蔬菜植株叶子白天在一定温度下，用太阳光照作为动力来进行光合作用制造养分，这些养分一部分向下输送到根部，把根系养好，根系才能生长发育。而施入地下的肥料，氮、磷、钾等营养是不能养根的，只能供根系吸收利用，随后通过蔬菜植株的输导组织输送到茎、叶、果中被利用，或被在光合作用过程中再转化。因此，可以说，施入地下的肥料不能直接养根，而是叶片进行光合作用制造的光合产物养了根系，根的生长促进了上述矿质类营养的吸收。

一些地方的菜农经常盲目打掉蔬菜植株下部的叶片，而且为图省事一次打掉的还较多，对蔬菜的正常生长和结果影响很大。如番茄植株第一穗果上下不留叶，造成第一穗果实膨大十分缓慢，有的也长不大，也造成根系生长困难，即使施了肥多数也不会被根系吸收利用。有的菜农给番茄留够果子后，直接就打光顶部果穗周围的叶片，造成这一穗果生长困难，在光照强的地方还发生日烧。黄瓜需要 16 ~ 20 片较好的功能叶，才能保证植株正常生长和高产稳产，而有的菜农盲目打掉下部的叶片，有的打叶太狠，造成植株衰弱和产量下降。所以，无故盲目地打叶是十分有害的，尤其是植株下部的叶片，这些叶是有机营养制造的源，是专供这些营养入库即供根利用的。对此，我们要重点保护下部叶片，打叶时要轻，一次不要打的太多。

同时，要加强整枝管理，保证合理的株型，改善叶片见光；提高植株抗性，预防病虫害，保证叶片健康、光合作用正常；合理喷用甲壳素、水杨酸等叶面肥，增强叶片内酶的活性，提高光合效率。

2. 创造根系生长的良好条件

一是土壤要肥沃，透气良好。有机肥少，依靠各种化肥来生产蔬菜，会使土壤的理化性状恶化，根系不易伸展，透气不良，尤其冬天水大造成的透气不良常会引发沤根烂根。

二是要增施生物菌肥。大量的试验证明，生物菌肥能明显改良土壤结构，提高土壤肥力，促进蔬菜根系的生长发育。因此，补充生物菌肥是增强土壤肥力、促进根系生长的一项重要措施。可在基施有机肥时，同时，施入生物菌肥 200kg，这样，不仅能明显改善土壤团粒结构和理化性质，抑制蔬菜根部病害的发生（特别对各种土传病害），而且增产增收效果十分明显。

三是地温要适宜。地温会明显影响根的生长发育。低温根不长，也常会造成烂根，蔬菜如果因寒流造成地温降幅过大，新叶常会呈紫红色，这是缺磷的表现，但根源却是地温太低。倘若出现这种现象，叶面上需喷用磷酸二氢钾补磷，更重要的是尽快提高地温。

春季注意浇水的方法。浇水能明显影响地温，尤其是 2 ~ 3 月里的阴雨雪天气，蔬菜浇一次水会使地温明显降低，当外界温度很低时，井水河塘水温度多在 2 ~ 8℃，水的热溶量大，升高温度需吸收大量的热，所以，一次冷水浇后地温会迅速下降，短时间内难以恢复。而温室蔬菜的地温平时要比棚室内气温的下限高 3 ~ 8℃，所以在浇一次水后，地温多由 20℃以上降到 10℃以下，很容易突破蔬菜所要求的地温最低值，即下限，会对蔬菜生长结果造成很大伤害，尤其对根系的伤害，有的受害十分严重致使蔬菜根系生长难以恢复。这就要求浇水要在晴天进行，浇水量也应适当减少，可以采取一水分多支、隔行错浇等办法，以避免地温降低的幅度太大，难以在浇水后做到尽快把地温升上来，从而引发蔬菜的生理活动受到不利影响，严重阻碍蔬菜根系的生长发育。

（二）营养生长与生殖生长平衡

营养生长是指植株根、茎、叶的生长；生殖生长是指植株花、果、籽粒的生长。生殖生长需要以营养生长为基础。如营养生长与生殖生长之间不协调，则造成对立。调节蔬菜植物的营养生长与生殖生长的平衡，在生产中有着十分重要的意义。

1. 正确处理生育阶段与调节平衡的关系

在蔬菜生产实践中，农民常把调节蔬菜营养生长和生殖生长的关系比喻成炒菜的"火候"，哪个阶段需要做什么？怎么做？做到什么程度？事先要形成腹稿，明确主攻方向，抓住主要矛盾。例如，番茄越冬茬栽培，在温室保温条件满足的情况下，冬季光照时间短、光照强度差是主要矛盾。越冬茬番茄的开花坐果期因缺光造成徒长，坐果困难或者是形成空洞果。还有叶片狭长，叶色浅，茎细、节间长，花蕾小，花蕾数少等现象。这种情况除自然情况外，主要原因是定植后的蹲苗期"控上促下"主攻目标不明确，地上部与地下部不协调，根冠比失调，根的总量过小所致。从管理上，该阶段措施不到位是主要原因。例如，番茄定植后要浇足定植水，如果定植水不均匀或水量小要及时补浇缓苗水。缓苗水后，直到番茄第一穗果核桃大小时，一般情况下不浇水，以中耕松土为主。控制地上部生长，促进地下部生长。使得地上部叶片厚、叶色绿，茎节短而粗，花蕾多而大，植株的尺寸宽大于高。地下部有足够的根量。形成这样一种生长稳健、后劲十足的生长态势，为番茄开花、坐果期打下了一个良好的基础，这样，花蕾多，花穗大而足，为稳健坐果和安全越冬积累了丰富的营养，而营养生长和生殖生长达到了相对平衡，这个生育阶段的"火候"就掌握好了，这个阶段的管理就掌握了主动权。

2. 正确处理主方向标与调节平衡的关系

从播种到收获完毕的各个生育阶段，都要明确主攻方向。各生育阶段的主攻方向都要为目的服务。要生产"高产、优质、高效"的蔬菜产品，各个生育阶段的主攻方向都必须十分明确。在各生育阶段主攻方向确定之后，遇到外界环境、人为因素等诸多不利因素影响时，要及时做出调整。

我们形象地把确定各生育阶段的主攻目标比喻成汽车的挡位、油门、刹车和方向盘。

"夜间高温如油门，夜间低温如刹车。"这句话强调的是夜间高温加速节间生长，夜间低温减缓节间生长。例如，在两叶一心番茄分苗后，夜间 3 ~ 4 天高温促进缓苗，根系下扎。而后进入花芽分化阶段，这时就要尽可能多的积累养分，适当降低夜间温度减少呼吸消耗。这段温度就要加大温差，把夜间气温由 12 ~ 13℃降到 10℃，最低可控制在 8℃，这样就减缓了苗子的生长速度，促进了根系生长，使花芽分化正常，茎叶生长稳健，是培育壮苗的关键措施。这正是所谓的"刹车"。控上促下就变成了形象的比喻，农民容易理解。

番茄进入坐果期后，蹲苗基本结束，这时要施肥浇水。为了加速果实生长，要适当提高夜间温度，将蹲苗积累的养分向果实转移。夜间最低可控制在12～13℃，有利于营养生长向生殖生长转移，使茎、叶生长健壮，坐果稳。这就是形象比喻的“油门”。菜农有了这种概念，能有效地控制生长速度的快慢，能有目的的控制营养生长和生殖生长的平衡。

在番茄生长的每个生育阶段，都要有明确的目标。例如，苗期的主攻方向就是培育壮苗；定植后至坐果期的主攻方向是严格控制地上部促进地下部生长；进入坐果期后的主攻方向是肥水猛攻，防治病害发生。诸如上述各个阶段的主攻目标，就称之为“方向盘”。这几个阶段的大方向把握住了，就抓住了主要矛盾。

在番茄的整个生产期间，如何掌握生长速度？这就相当于“挡位”。例如，番茄苗期从两叶一心到现蕾，为促进花芽更好的分化，在生长速度上要放慢，相当于挡位的“低挡”；在番茄进入坐果期后，由以营养生长为主转向以生殖生长为主的过渡阶段，这个阶段的水肥供应和温度管理就要快中有稳，即挂“中挡”；坐果盛期，应大水、大肥，这时已进入以生殖生长为主的阶段，在管理上就应集中养分向果实转移。即“高挡”阶段。以上仅以番茄为例说明如何把握各阶段的管理，其他喜温性蔬菜的基本规律也大同小异。

3. 掌握蔬菜植物的生育规律在生产上的重要意义

掌握蔬菜植物的生长规律，创造适宜的外界条件，有目的控制或促进营养生长或生殖生长，对提高蔬菜产量和品质有着重要意义。在农业实践中调节营养生长和生殖生长的关系上主要有以下两个方面。

（1）延长营养生长期，抑制开花

对以营养器官为食用部分的蔬菜，在栽培管理上，应设法延长其营养生长，抑制开花，从而达到增产的目的。如葱头播种过早，幼苗超过一定大小时，在越冬过程中会完成春化过程，第二年春即抽薹而不能形成鳞茎。故必须在适期播种，控制越冬幼苗的大小，使其营养体不能通过春化过程以保证第二年继续进行营养生长。而秋季结球白菜，在9～10月已开始了花芽的分化，但仍能结成丰满的叶球，这是因为秋季温度低，日照短，缺乏花器继续分化和生长的适宜条件，使生殖生长被迫处于长期潜伏状态，而适宜在低温下生长的叶球，则能取得生长优势而迅速成长起来。另外，根据品种特性安排栽培季节，使其有较长的营养生长期以期获得丰收，如在冬季气温较低的华北、华中地区选用冬性强的甘蓝品种进行秋播育苗，第二年春既可避免未熟抽薹现象，又可获得较高产量。

（2）促进营养生长向生殖生长转化，提早开花结实

对以生殖器官为产品的果菜类蔬菜，就需要在生长初期创造营养生长的适宜环境，并在此基础上创造转向生殖生长的良好条件以使其正常的进入生殖生长，达到早熟增产的目的。如对豆类、瓜类品种进行育苗栽培，由于苗期处于短日照条件下，就能提早结实，提高前期产量；二年生蔬菜的小株采种就是在幼苗期给以转向生殖生长的条件而使植株提前开花结实，加速种子繁育过程的。我们必须掌握蔬菜植物的生育规律，采取技术措施，控制其生育进程，从而更好地达到栽培目的。

【小资料】

国家禁用和限用农药名录

一、禁止生产销售和使用的农药名单（33 种）

六六六，滴滴涕，毒杀芬，二溴氯丙烷，杀虫脒，二溴乙烷，除草醚，艾氏剂，狄氏剂，汞制剂，砷、铅类，敌枯双，氟乙酰胺，甘氟，毒鼠强，氟乙酸钠，毒鼠硅，甲胺磷，甲基对硫磷，对硫磷，久效磷，磷胺，苯线磷，地虫硫磷，甲基硫环磷，磷化钙，磷化镁，磷化锌，硫线磷，蝇毒磷，治螟磷，特丁硫磷。

注：①苯线磷，地虫硫磷，甲基硫环磷，磷化钙，磷化镁，磷化锌，硫线磷，蝇毒磷，治螟磷，特丁硫磷等 10 种农药自 2011 年 10 月 31 日停止生产，2013 年 10 月 31 日起停止销售和使用。

②2013 年 10 月 31 日前，禁止苯线磷，地虫硫磷，甲基硫环磷，硫线磷，蝇毒磷，治螟磷，特丁硫磷在蔬菜、果树、茶叶、中草药材上使用。禁止特丁硫磷在甘蔗上使用。

二、在蔬菜、果树、茶叶、中草药材上不得使用和限制使用的农药（17 种）

禁止甲拌磷，甲基异柳磷，内吸磷，克百威，涕灭威，灭线磷，硫环磷，氯唑磷在蔬菜、果树、茶叶和中草药材上使用。禁止氧乐果在甘蓝和柑橘树上使用；禁止三氯杀螨醇和氰戊菊酯在茶树上使用；禁止丁酰肼（比久）在花生上使用；禁止水胺硫磷在柑橘树上使用；禁止灭多威在柑橘树、苹果树、茶树和十字花科蔬菜上使用；禁止硫丹在苹果树和茶树上使用；禁止溴甲烷在草莓和黄瓜上使用；除卫生用、玉米等部分旱田种子包衣剂外，禁止氟虫腈在其他方面使用。

按照《农药管理条例》规定，任何农药产品都不得超出农药等级批准的使用范围使用。

第三节　日光温室模式化栽培的探索

寿光是中国最大的蔬菜生产基地，也是享誉海内外的“蔬菜生产联合国”、“中国一号菜园子”，这里云集了众多的技术和技术人员，有各方面的专家，正因为这些，寿光蔬菜能持续地走下去。寿光农民依托蔬菜产业和独有技术，一大批精明的寿光农民也学会了推荐自己，把创新实验的新技术、新品种推上市场，收获了巨大的经济效益和社会效益。以首创“草地杏园”闻名的燕兴华，在网上开办“葡萄店”的七旬老汉黄荣名，靠“一边倒”技术发家的“桃王”刘成德等，无不是菜博会造就的“农民百万富翁”。但是，其他地方的农民就没有这样的幸运，他们没有耳濡目染的环境，没有受过任何“职业训练”，完全“无证上岗”，他们理所当然地认为凭着满腔爱和热，就可以无师自通地种好蔬菜，于是，许多问题、损失就不可避免地产生了！

一、谁来种地

设施农业具有高投入、高技术含量、高品质、高产量和高效益等特点，是现代农业发展史上的一次革命，是由传统农业向现代化集约型农业转变的有效方式，是实现农业现代化的必由之路。同时，我国正处在向工业化社会转型期，每年有3 000万农民工进城读书务工，瓜菜需求剧增，而在家种菜的人是越来越老越来越少，主要以45～65岁为主，35～45岁已经很少，多为半工半农，35岁以下几乎没有，以后谁来种地？

看天、看地、看庄稼是千百年来中国农民传统的经验种田模式，经验性强、适应性窄、定量化弱一直是传统作物栽培的难题，而发展现代农业就是要改变原来的这些缺点，给农民灌输新一套种养知识。现有农民中受过农业技术正规教育的很少，他们对科学技术的接受能力和应用能力都很差，而且短期内很难学会，严重地影响着农民采用科学技术的效率。虽然如今很多农民都摘下了“文盲”的帽子，却又戴上了“农盲”的标志。据统计，我国第一产业从业人员占社会从业人员比重已下降到38.1%，占乡村就业人员比重下降到63.4%，农业从业人员数量锐减、老龄化趋势严重，农业生产后继乏人的格局正在加剧，未来10～20年这一问题将更加突出。

“农民不愿种地”是中国农业面临的最为突出的问题，农业劳动力的老化和匮乏成为中国农业面临的新问题。青壮年劳力通过升学、打工、婚姻等途径集体逃离了农村，奔向了城市，农业生产只好由妇女、儿童、老人组成“386109杂牌军”来承担。值得思考的是，农民为什么离开土地？如何拯救农业？为何农民以及熟悉与了解农民的社会个体都得出了“种地不赚钱”的论断，这种表达又潜藏着何种危机？

二、怎么种地

（一）制约蔬菜发展的主要因素

①政府方向性的引导和支持力度较差，地方蔬菜大品牌建设严重滞后。

②龙头企业发展的规模和数量太弱。

③种植品种较单一，抗风险能力较弱，菜农创新观念较差没有条件主动学习。

④农业技术服务相对滞后，经验主义影响生产的发展。

⑤种植户科学的管理（种植、管理、用肥、用药等）观念差，造成投资高，效益差，严重挫伤种植户的种棚积极性。

⑥菜农大量盲目使用化肥导致土壤败坏，连作重茬较为严重，近年已经造成了严重后果，有害菌及作物自身分泌的毒素连年累积也对生产造成较大影响，如番茄早衰、西葫芦烂蔓导致菜农减产或绝产。

⑦病害变异快抗药性越来越严重，外来物种入侵呈蔓延趋势且不好控制，如美洲白粉虱、斑潜蝇、根结线虫都具有较强的抗药性，一般农药对它们根本达不到杀灭效果。

⑧菜农追求眼前利益，对国家食品安全问题漠不关心，大量使用违禁药品，蔬菜食品安全问题屡屡发生。

⑨各种生产资料大幅涨价对农民也造成了较大影响。

⑩农资市场的混乱以及假冒伪劣盛行，对菜农的切实利益造成的损失相当严重。

以上分析是设施蔬菜所面临的部分问题，应当说落后也是机会，不足才有发展空间，如果政府在政策和宏观战略上积极指导，扶持龙头企业的发展，对菜农的生产进行切实的干预和服务，蔬菜会很快步入持续健康发展的快车道。

（二）老百姓是怎么种地的

这些年，在各地咨询、讲课时经常听到、看到这样的抱怨：一是各种作物的枯萎病、黄萎病、根腐病、软腐病、青枯病、病毒病、瘟病、疫病等等，不但发病快，危害大，治疗起来难度也大，老百姓抱怨"农药不好，假的太多"。二是黄瓜、番茄、茄子、辣椒等蔬菜，从结果到拔秧罢园病害不断，各种病症交叉、重叠发生，老百姓抱怨"天天打药都治不住"。三是立枯病、炭疽病、猝倒病三大病害，已成为多种作物苗期的主要病害，稍有气候方面的"风吹草动"，就暴发流行，大量死棵烂根，老百姓抱怨"天气不正常，谁也没办法"。四是经济效益越好的作物，肥料投入越大，亩施化肥400～700kg，鸡粪10～20m^3，甚至30m^3，第一年产量很高，第二年产量明显下降，以后越来越差，老百姓抱怨"肥料有问题，质量不如从前"。除了以上抱怨，还有很多谜团老百姓百思不得其解，如"俺种的菜，施那么多鸡粪、化肥咋就不发棵?"、"俺的黄瓜从结瓜到现在快一个月啦，咋就光结弯瓜，就像秤钩一样?"、"我们的黄瓜霜霉病啥药都用了，天天打药怎么都治不住?"、"俺有一块地，其中一小块，每年种豆角都死棵，施肥打药都是一样?"

老百姓的抱怨、疑问和无奈反映了两个问题：一是病虫害防治急需标本兼治的深层次技术和服务，"头疼医头，脚疼医脚"的简单方法已经不能满足农业的现实需要。二是卖农药、化肥的和使用农药、肥料的都急需了解病虫害危害越来越严重的根本原因和应对措施。老百姓最缺的是技术，最怕的是生产资料伪劣。当下蔬菜产业最缺失的是：菜农缺少系统技术服务；菜农生产缺少有效组织管理；从业人员观念陈旧，市场混乱；缺少合理的蔬菜种植结构和品质的安全常识。目前，含量不足以及假冒产品充斥市场，让菜农真假难辨，造成的直接和间接损失较大，成为坑农害农的主要因素。

这些问题常常困扰生产户和技术人员，成了设施蔬菜发展中的一个困局。如何用现代科技和经济管理知识培训农业生产者，使他们成为适应现代农业生产经营要求的现代农民、富裕农民，才会让人有盼头、让农业有吸引力。2012年，在农民人均纯收入中，来自农业的收入比重已经降到26.6%，农业收入对不少农户而言正在变成"副业"。在此背景下，做强农业、提升效益，需要提高种地集约经营、规模经营、社会化服务水平，需要发展家庭农场、专业大户、农民合作社等新型主体，同时，重视普通农户的生产发展，千方百计增加农民务农收入，从而增强农业吸引力，让愿意种地的青壮年多起来。

三、如何种好地

现代农业与从业农民的极不对称摆在我们面前，两者之间便捷快速的通道在哪里?这就是把种田"傻瓜化"，教农民如何定时、定量、科学地种田，而不是仅凭经验。我们买东西都会选择那些好用又让我们舒心的东西，因为我们是需要它们给我们提供良好的服务，我们要用它们。恐怕很少有人会买个自己不了解的、高深的东西回来，除非是为了作研究。既然技术是为了给大众提供服务，那么这个技术就应该越简单越好，哪怕它是个“傻瓜式”的服务。山东思远蔬菜专业合作社从实践出发，创新出“傻瓜式”农业技术服务方式，直奔解决实际问题的方法，使生产者技术有保障，农资有保障，品质有保障。山西省引进推广了温室蔬菜模式化种植管理技术，从土壤改良到种苗选育、肥水管理、田间管理、植保管理、温光气调控等每一个环节都做到了模式化，为菜农提供管用的蔬菜实操技能，较好地解决了菜农的大部分实际问题，涌现出了许多示范户，他们的成功可以复制。如图 1－69 至 1－74。

图 1－69　番茄模式化生产示范户

图 1－70　茄子模式化生产示范户

图 1－71　辣椒模式化生产示范户

图1－72　西葫芦模式化生产示范户

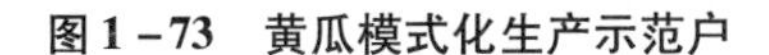

图1－73　黄瓜模式化生产示范户

图1－74 菜豆模式化生产示范户

山东思远蔬菜专业合作社成立于2004年，理事长白京波，目前，拥有注册社员1 258户，注册资金6 381万元，建立了完善的“信息化”服务体系，在山东、河北、甘肃、河南、江苏、辽宁、内蒙古自治区各省区成立思远合作分社32家。思远农业专注于北方保护地蔬菜产业的发展，通过合作社建立新型农民合作组织，完善保护地蔬菜绿色、高效的精细化管理标准，利用全方位的“信息化”服务体系对社员进行技术服务，真正做到了让农民增收、消费者受益，以服务中国北方保护地蔬菜整体产业为出发点，深刻研究一条适合当前一家一户，独立生产现状的有效社会化组织管理、农业技术服务和标准化生产的发展思路。

（一）建网建库，社员共享技术服务资源

合作社以临淄区皇城镇为中心，向外辐射140个自然村，村村设立合作社服务站，均设服务站长一名，骨干金牌社员3～5名，他们是技术、服务的基础力量。先后在北方保护地蔬菜种植区设立分社32家，成功地把思远蔬菜专业合作社模式复制出去。带动2万户农民走上大棚蔬菜种植的致富路。合作社员为社员建立完整电子信息档案，涵盖了个人信息、种植面积、种植品种、管理技术、水肥管理、植保管理等各方面内容，综合科学指导，从根本上指导并监督社员种植管理，各种农资、农药购销渠道全程记录，保证社员在增产、增收的情况下，生产出绿色无公害的产品。

（二）建立了多媒体社员培训体系

聘请社会知名农业专家，以合作社技术人员为骨干，运用用多媒体技术，深入到每个村级服务站，利用晚上社员空余时间，进行“7F 精细标准化技术”培训（19:30~21:00）400 余次，每次社员听课数量达到 30 位以上，社员的种植技术大大提高，从而改变了社员的种植模式，提高了蔬菜产量。

（三）建立了 MCRM 短信平台，及时为社员发送管理预警

合作社技术服务部建立了 MCRM 短信平台，把全部社员种植信息汇总，后台工作人员根据保护地蔬菜关键种植环节，结合技术讲座和进棚服务发现的问题，给社员发送 7F 精细标准化管理方案信息，每年发送信息达到 3 万多条。定期发送疑难病害的预防及防治方法的短信以及恶劣天气预警，并将短信信息在临淄区气象局气象预警平台发布。

（四）建立了视频诊断系统

农业远程视频诊断系统的启动，弥补了农业技术服务中专家入户和电话诊断农作物的不足。该系统将借助网络通讯资源，利用声、形、高清影像等传输手段，实现了农业信息和技术的远程高效传送，更好地服务社员。

（五）成立了青岛农业大学成立客服体系

思远农业在青岛农业大学成立了客服部，通过电脑、电话等对社员的生产进行技术指导和电话回访服务，及时将蔬菜技术管理措施及信息提供给社员。

（六）建立了全视频型网站

为适应社员的素质水平，思远农业建立了全视频或图片的网站，只需点击一下就可了解所需要的蔬菜种植信息，更加方便直观的为社员提供信息化服务。

（七）设立了全国免费技术咨询电话 4008110105

在社员温室大棚出现突发性病虫害或疑难问题时，可拨打思远农业全国免费咨询电话 4008110105，有专门的技术人员为其分析原因并制定综合的标准化方案，并派专门的技术服务人员到棚指导。

（八）印发了思远蔬菜技术报及技术海报

“思远蔬菜技术”每年十期，每期 15 000份，通过为社员提供蔬菜技术报纸，将政府的政策、动向、号召及 7F 标准化技术及其他社员的信息及时的传达给每一个社员，让社员能够迅速的了解最新的技术及其应用效果，以便自己更好更快的实施。

（九）为社员印发《保护地蔬菜 7F 精细管理手册》口袋丛书

针对西葫芦、番茄、茄子、黄瓜等蔬菜编辑并印刷种植技术口袋丛书，技术全面、图文并茂。思远体系内的社员人手一本，可随身携带，社员根据手册种植蔬菜达到“傻瓜式管理”，对病害能做到及时防治，对种植管理能做到严格执行。

（十）建立“社员之家”QQ 群，及时为社员解决问题

面对家庭电脑网络的普及，为社员建立 QQ 群聊天平台，有专家服务，把社员的种植问题及时解决，并快捷的指导大棚蔬菜生产。

实践出真知。直观的效果，让种植户大为震动，也使他们接受了一套现代种植理念：只有科学种植，才能轻松种植，才能快乐种植。服务至上，全套资料及各品种的标准化管理流程，全程跟踪服务，提供全天候咨询，并通过网络设立远程教育的

"客户服务中心"，专家就在你的身边及时为您把脉纠偏，"让菜农'傻瓜式'管理，做到省钱、省时、省力轻轻松松种大棚；让服务商'傻瓜式'经营，做到产品、服务、管理一流轻松做老板"。他们的成功可以快速地复制，一定会"让农业成为有奔头的产业，让农民成为体面的职业，让农村成为安居乐业的美丽家园。"的日子早日到来。

模式化让管理更简单！标准化让生活更美好！

【小资料】

休闲农业

一、休闲农业的特征

休闲农业是指利用田园景观、自然生态及环境资源，结合农林渔牧生产、农业经营活动、农村文化及农家生活，提供民众休闲、增进民众对农业及农村之生活体验为目的之农业经营。休闲农业作为一种产业，兴起于20世纪30～40年代的意大利、奥地利等国家，随后迅速在欧美国家发展起来。目前，日本、美国等发达国家的休闲农业已经进入其发展的最高阶段。而我国的休闲农业，作为一个新兴的产业，仍处于起步阶段。

二、发展休闲农业的意义

①可以充分开发利用农村旅游资源，调整和优化农业结构，拓宽农业功能，延长农业产业链，发展农村旅游服务业，促进农民转移就业，增加农民收入，为新农村建设创造较好的经济基础。

②可以促进城乡统筹，增加城乡之间互动，城里游客把现代化城市的政治、经济、文化、意识等信息辐射到农村，使农民不用外出就能接受现代化意识观念和生活习俗，提高农民素质。

③可以挖掘、保护和传承农村文化，并且进一步发展和提升农村文化，形成新的文明乡村。

三、休闲农业的主要类型

①农家乐类。按照"突出特色、因地制宜、与新农村建设相结合、片区开发"的原则，以城镇居民为主要服务对象，发展各具特色的农家乐。

②山岗地生态景观农业类。遵循"保护第一，分区和适度开发"的原则，利用山地地形地貌气候特征，结合当地农业生产结构调整，以现有的林业旅游资源为载体，整合不同类型的旅游农业资源，开创具有本土特色的旅游农业发展模式。

③休闲农业公园类。采取"公司＋基地＋业主"的发展模式，在现有农业基地的基础上，扩展旅游功能，改变现有旅游农业产品以采摘为主，过于单一的局面，将农业基地发展成集农业生产场所、农产品消费场所和休闲旅游场所于一体的具有休闲公园性质的空间场所。重点打造花卉苗木基地、蔬菜基地和果树基地三类现代农业基地。

④高科技农业博览园类。对传统的农业园区和农业科技中心进行改造，将园区的技术、资本、市场等资源优势与旅游开发相结合，将农业园区从单纯的科研型、生产型园区建设成为融生产销售、科学研究、科普会展功能为一体的农业高科博览主题公园。

⑤民俗节庆旅游类。将民俗文化内涵注入旅游农业的范畴，利用乡村人文景观、村落建筑、民风民俗、传统文化、节庆活动，发展乡村民俗旅游和开发民俗节庆旅游。

⑥购物旅游类。依托新农村建设，发展特色旅游农业商品，增加传统农产品旅游功能，形成“一村一品”或“一区一品”旅游农产品购物特色。重点发展旅游农业土特产品系列、旅游工艺美术品系列和特色农产品系列等购物类产品。

第二章 日光温室模式化栽培实操技术

第一节 番 茄

番茄属于茄科，番茄属，又名西红柿、洋柿子、柿子、番柿、爱情苹果。原产于南美洲秘鲁，属于喜温性蔬菜，17～18 世纪传入中国，营养丰富，含有较为丰富的维生素、无机盐、有机酸，还富有茄红素，茄红素是较强的抗氧化剂，可以抑制脂质过氧化作用，具有生津止渴、健胃消食，清热解毒、凉血平肝、利肾利尿、降血压等功效。我国番茄栽培从 1950 年迅速发展，是蔬菜栽培的主要部分，也是我国温室栽培的主要蔬菜之一，种植面积大，亩产最高产量达 2 万 kg，也是创造良好经济效益的作物之一。

一、生物学特性

（一）植物学特性

1. 根

发达（宽、深），易产生不定根，气生根，根系再生能力很强，耐移栽，育苗时需要分苗（俗称倒栽、移栽、移苗），扦插繁殖比较容易成活（图 2－1）。

图 2－1 番茄根系

图 2－2 无限生长型番茄的茎

2. 茎

半直立性匍匐茎。幼苗时可直立，中后期需要搭架。少数品种为直立茎。茎分枝力强，所以，需整枝打杈。据茎的生长情况分为：自封顶类型（一般早熟），无限生长类型（一般中晚熟），合轴分枝（图 2－2）。

3. 叶

单叶，羽状深裂或全裂，小裂片5~9对，裂片大小、对数随叶位升高而增多，低温下叶色发紫，高温下小叶内卷，叶片及茎均有茸毛和分泌腺，有特殊气味，可驱虫（图2-3）。

图2-3　番茄的叶

图2-4　番茄的花

4. 花

完全花，总状花序或聚伞花序，每穗5~10朵花（樱桃番茄20~30朵花/穗）。

花穗着生在节间，早熟品种6~7叶后生出第一花序，以后每1~2叶生一花穗，晚熟品种8~13叶后生出第一花序，以后每2~3叶出一花穗，每朵花的小花梗有“断带”，是激素处理部位，也是采收果实时果柄断开的部位。长柱花和中柱花为正常花，短花柱花为不正常花（图2-4）。

5. 果实

果实为浆果，心室与萼片多少有关，通常5~7个心室，果实颜色由茄红素组成，茄红素与光照、温度有关。果实的形状、大小、颜色、心室数因品种而异，也受环境条件的影响（图2-5）。

图2-5　番茄的果实

6. 种子

种子上有绒毛，银灰色，浅黄色，果胶包被，采种需发酵。种子在开花后 40～50 天有发芽能力，千粒重 3～4g，使用年限 2～3 年（图 2－6）。

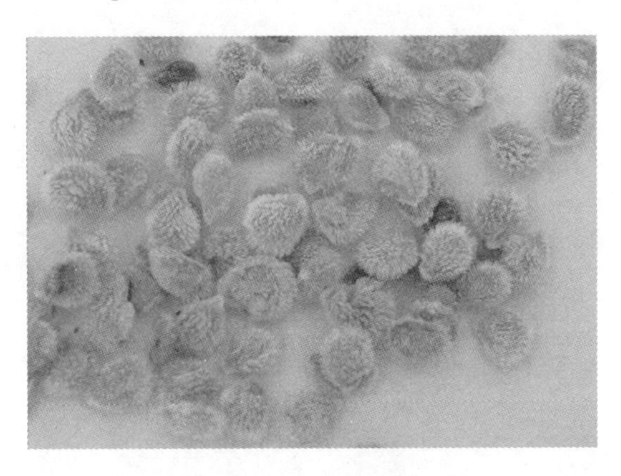

图 2－6　番茄的种子

（二）生长发育过程及其特性

1. 番茄的生长发育过程

番茄的生长发育过程有一定的阶段性和周期性，大致可分为发芽期、幼苗期、开花坐果期和结果期 4 个阶段。

①发芽期：从种子萌发——第一真叶出现。发芽期能否顺利完成，主要决定于温度、湿度、通气状况及覆土厚度等。

②幼苗期：第一片真叶出现—— 现大蕾（开花前）。管理上以控为主，促进根系快速生长、花芽分化、获得积温。

③开花坐果期：定植——第一穗果坐住。管理的关键是协调营养生长与生殖生长的均衡，使秧果均衡生长，防止徒长和早衰，提高前期产量。

④结果期：第一穗果坐住——拉秧。管理的关键调节秧果关系，要保证肥水充足，要及时打掉侧枝，适时摘心，适当疏果，保证养分的合理流向，以达高产的目的。

2. 长势判断

番茄各个生育期正常长势，参见表 2－1、图 2－7 至图 2－12。

表 2－1　番茄各个生育期正常长势一览表

育苗期	定植期	生长前期	开花期	结果期	成熟期
苗子整齐，茎秆粗壮	茎秆粗壮，根系发达	节间适中，叶片浓绿	开花正常，花序多	坐果率高，果型正	果实大小均匀，色度好

图2－7　育苗期正常长势

图2－8　缓苗后正常长势

图2－9　生长前期正常长势

图2－10　开花期正常长势

图2－11　结果期正常长势

图2－12　成熟期正常长势

（三）对环境条件要求

喜温怕霜不耐炎热，喜光不耐弱光，适宜较低空气湿度，番茄各个生育期要求适宜温度和土壤湿度，见表2－2。

表 2－2　番茄各个生育期要求适宜温度和土壤湿度表

时期	白天温度（℃）	夜间温度（℃）	土壤湿度（%）
播种至出土	28～32	18～22	85
出土至分苗	25～28	18～20	70
分苗至定植	23～25	13～15	60
定植至缓苗	25～30	15～18	85
缓苗至开花	26～28	13～15	55
结果前期	25～27	12～15	80
盛果期	26～28	13～16	60～80
生长后期	24～26	12～15	55～60

二、茬口安排

目前，温室栽培的主要茬口有越冬一大茬栽培、秋延迟栽培和早春茬栽培。越冬一大茬栽培的定植时间一般在 8 月底至 9 月上旬，秋延迟栽培的定植时间一般在 7 月底至 8 月初，早春茬栽培的定植时间一般在 2 月上旬前后。

三、品种选用

1. 番茄的品种分类

①按照果实颜色分类：大红果品种、粉红果品种、黄果品种、绿果品种、咖啡果品种、紫果品种等。

②按照果实大小分类：大果型品种、中大果型品种、中型果品种及小型果品种（樱桃番茄）。

③按照果实形状分类：高圆形、扁圆形、椭圆形、长形。

④按照生长习性可分为：无限生长型、自封顶型和番茄树。

⑤按照成熟度分类：早熟品种、中熟品种和晚熟品种。

2. 品种选择

近年来，种植较为普遍的是大果型和中大果型的大红果和粉红果品种。在品种的选择上除了要根据当地气候条件和市场情况选择外，还要考虑品种的抗病性。例如，抗 TY（黄化曲叶病毒）、抗线虫、抗叶霉、抗枯萎病等。所以，选择品种时尽可能选择抗病性强，果型好，无限生长型，果实硬度高的早熟或中早熟品种。

（1）瑞星五号

无限生长型中熟品种，抗番茄黄化卷叶病毒（TY），抗逆性好，不早衰，连续坐果能力极强，具备大红番茄的植株长势和果实硬度，果色粉红，果实高圆形，无果肩，无棱沟，精品果率高。果实大小一致，单果重 260～280g。果实硬度高，常温下货架期可达 20 天以上，适合长途运输和贮存，是边贸出口适合品种，是秋延、越冬温室及早春、越夏保护地栽培的理想品种。

（2）全能126

杂交一代，无限生长型，大红番茄品种，植株长势旺盛。果实个头大，单果重260g左右。硬度好，颜色亮丽。坐果力强，抗TY黄化曲叶病毒、根结线虫和叶霉病，适合保护地早春，秋延，越冬栽培。

（3）齐达利

杂交一代大红番茄品种，无限生长型，中熟品种。植株节间短。果实圆形偏扁，颜色美观，萼片开张，单果重约220g。果实硬度好，耐贮运。抗番茄黄化卷叶病毒、番茄花叶病毒和枯萎病。

（4）荷兰八号

南澳绿亨引进荷兰品种，大粉果、无限生长型，中早熟、高圆形，单果重300g左右，高抗TY、抗叶霉、抗枯萎病，坐果能力强、产量高。适宜早春和越冬栽培。

（5）欧美佳

无限生长型，中早熟，长势旺，高抗TY病毒，耐寒性强，在低温弱光下仍能正常膨果。果色粉红鲜艳，果形略高圆，单果重250～300g，果脐小，果肉厚，硬度高，口味佳，是秋延、越冬及早春保护地栽培的理想品种。

（6）魁冠红福

系西安常丰园种业有限责任公司引进国外材料，经多年精心选育而成的红果番茄品种。熟性偏早，长势中等，果大皮厚，一般单果重320～420g，果色亮丽，果面光滑，果皮韧度好，商品果率高，抗病性强。适宜于各茬次栽培。

（7）金棚1号

系西安皇冠蔬菜研究所选育的系列番茄品种之一，属高圆粉红果类型。叶片较稀，叶量中等，光合效率高，坐果能力强，果实膨大快，前期产量较高。果实无绿肩，果型大，果实大小均匀，表面光滑发亮，果形好，基本无畸形果和裂果。单果重200～350g，果肉厚，耐贮运，货架寿命长，口感风味好。高抗番茄花叶病毒，中抗黄瓜花叶病毒，高抗叶霉病和枯萎病，灰霉病、晚疫病发病率较低，极少发现筋腐病，抗热性好。

（8）金棚三号

系西安皇冠蔬菜研究所选育的系列番茄品种之一，属无限生长红果类型品种，高抗番茄花叶病毒（TOMV），中抗黄瓜花叶病毒（CMV），耐青枯病，高抗叶霉病和枯萎病，灰霉病、晚疫病发病菌率低，抗热性好。果实高圆，无绿肩。光泽度好，平均单果重250～300g，耐贮运，货架寿命长。

四、育苗关键技术

1. 种子处理

传统的种子处理方法大多是用50～60℃的温水浸种，或是用10%的磷酸三钠浸种等，但是目前菜农买到的大多数番茄种子都是经过包衣的，在包衣的过程中已经用杀菌剂和杀虫剂处理过，如再进行浸种往往就破坏了包衣，从而起不到保护种子的作用了，所以，像包衣种子没有必要再去浸种。可采用晒种的方法，将种子在播种前放到阳光下暴晒4～6小时，这种做法操作简单，通过晒种既可以通过太阳光紫外线杀菌，又打破了种子的休眠，可提高发芽率和出芽的整齐度。

2. 营养土配制

现在普遍采用的育苗方式是穴盘育苗和营养钵（营养土坨）育苗。

①穴盘育苗的营养土一般采用成品的育苗基质，成品育苗营养基质是已经在工厂加工配制好的，一般不需要再添加任何肥料。但要注意在选择营养基质时一定要选择正规厂家生产的，避免因贪图便宜而买到假冒伪劣产品，造成无可挽回的损失。

②营养钵（营养土坨）的营养土配制：按照10cm×5cm营养钵或营养土坨计算，每1 000个钵的营养土中加入30kg充分腐熟晒干的牛粪、马粪等，要避免使用未经充分腐熟的粪肥配制营养土，也可以直接使用成品有机肥，每千钵营养土中加入8～10kg有机肥（芽孢蛋白有机肥或阿维蛋白有机肥等），再加入3～4kg促进种子萌发和根系生长的营养肥——肽素活蛋白。从理论上讲，育苗的营养土最好选择无病菌的大田土，但是在实际操作中大多数菜农会在棚室内就地取土育苗，这就要求在育苗前一定要做好营养土的杀菌消毒工作，避免在苗期或是定植后发生死苗或死棵的病害。

3. 播种

（1）穴盘播种

①穴盘消毒：番茄育苗一般选用72穴的穴盘，如果是新穴盘可直接用清水冲洗后使用。如果是多次重复使用的穴盘，则要在装盘前用1 000倍的高锰酸钾溶液浸泡晾干后方可使用。

②基质装盘：选择平整的空闲地块操作，在平地上铺上干净的塑料棚膜，根据育苗的数量把所需的营养基质堆成一堆，之后往基质加水拌匀，使其含水量达到60%（图2－13），然后装盘（图2－14）。装盘后用木板把苗盘上多余的基质刮下（图2－15），之后用另一空的穴盘对准已装好基质的穴盘轻压或用手指轻压基质，使营养土上

图2－13　基质加水后拌匀

图2－14　基质装盘

出现深度大约1cm的小坑（图2－16），准备播种。

图2－15　把苗盘上多余的基质刮下

图2－16　手指轻压出现播种穴

③播种：将种子放入营养穴的小坑中（图2－17），之后撒施覆土。覆土可以选用蛭石（有的育苗基质自带）（图2－18），也可用已拌好的营养基质，覆土厚度一般是1～1.5cm。

图2－17　播种

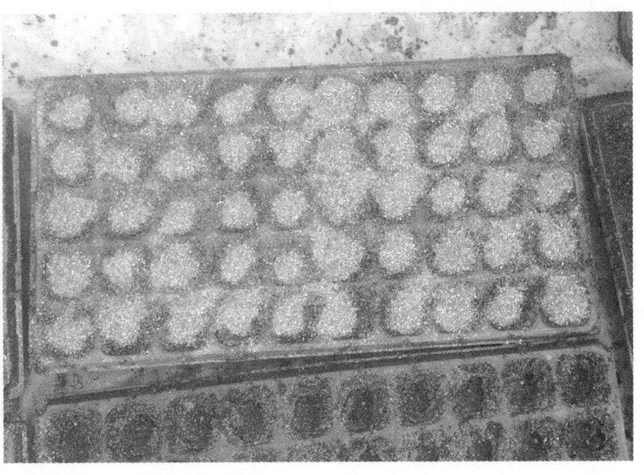

图 2－18　撒施覆盖料

④全部播种完后把苗盘整齐摆放（图 2－19），上部覆盖地膜（图 2－20）。

图 2－19　播种完毕后苗盘整齐摆放

图 2－20　覆盖地膜

（2）营养钵（营养土坨）育苗

把配制好的营养土装钵并排放整齐，苗床灌大水浇透。待水完全渗下后，用56%甲硫恶霉灵1 500倍喷洒苗床，之后播种，播种后撒1～1.5cm的覆土，并覆盖地膜。

4. 苗期管理

①播种后4～5天，每天要观察出苗情况，待40%以上小苗露头，即可揭去地膜。

②合理控制温度。如果是夏秋季育苗，苗床上晴天中午前后需加盖遮阳网降温，尽可能降低昼夜温度。如冬春季育苗，白天温度28～30℃，夜间15～12℃，需加大昼夜温差，避免因夜温过高而形成“高脚苗”。

③番茄苗期需保持足够的苗床湿度。穴盘育苗的须根据基质的干湿程度，定期喷洒清水，使湿度保持在60%左右。

④苗期应预防猝倒病。可用72.2%普力克水剂400倍液，或用72%霜脲锰锌可湿性粉剂600倍液，或用69%烯酰吗啉可湿性粉剂或水分散粒剂800倍液喷淋加以防治。

五、土壤管理

1. 正常土壤施肥方案

根据配方施肥的原则，番茄的底肥用量参见表2－3，将表中肥料均匀撒施后深翻或旋耕（图2－21、图2－22）。

表2－3　番茄的底肥用量表

用肥种类	腐熟过的粪肥	芽孢蛋白有机肥	复合肥	海洋生物活性钙	精品全微肥
亩用量	15～20m³	200～300kg	100～150kg	50～75kg	20～30kg
效果特点	长效补充有机质	快速补充有机质、蛋白质	补充氮磷钾大量元素	补充钙镁硫中量元素	补充微量元素
注意事项	必须腐熟	撒施或包沟	选择平衡型	必须施用	必须施用

图2－21　撒施肥料

图2－22　旋耕

2. 土壤改良

土壤改良参见第一章第二节。

六、田间农艺管理

（一）栽培模式

番茄的栽培模式有起垄栽培（图2－23）和平畦栽培（图2－24）。一般秋延迟的栽培大多是平畦栽培，越冬一大茬和早春茬则多是起垄栽培。平畦栽培的特点是，浇水面积大，利于在高温时期降低地温，而起垄栽培正好相反，是利于在低温时期掌控浇水量，便于提高地温。

图2－23　起垄栽培

图2－24　平畦栽培

（二）株行距确定

温室番茄栽培密度要合理，适当稀植既可以增加养分的吸收面积，又可以增强通风透光，是获得高产的重要措施。

番茄种植一般采用大小行栽培，大行80cm，小行60cm。

番茄的株距根据不同栽培茬口略有不同。秋延迟茬口、早春茬口一般可以适当密植，一般亩栽植2 500～2 700株，株距为32～35cm，越冬一大茬要适当稀植，亩栽植2 300～2 500株，株距为40～42cm。

（三）定植

①确定好株行距后，在畦面或垄上开定植穴，为快速缓苗、促进根系生长，可在定植穴内撒施肽素活蛋白有机肥料（图2－25），亩撒施15～20kg，撒施后与土拌匀，准备定植。

②定植前，用56%甲硫恶霉灵1 500倍液配加0.136%芸薹·吲乙·赤霉酸（碧护）15 000倍液蘸根消毒。

③选择壮苗，在晴天上午定植。

④定植完毕后浇大水，可随水冲施EM菌剂每亩地10L，补充有益菌。

图 2-25　定植穴内撒施有机肥料

（四）定植后管理

1. 合理控温

定植后缓苗前白天温度 25～30℃，夜间 18～20℃。缓苗后白天 25～27℃，夜间 12～15℃。

2. 划锄

缓苗后，待土壤半干半湿，进行划锄，增加土壤透气性，促进根系深扎（图 2-26）。

图 2-26　番茄定植后划锄

3. 覆盖地膜

在定植后 10～15 天要及时覆盖地膜。选择白色或蓝色的透明地膜，地膜覆盖后，可在种植行中央地膜下南北向拉一道钢丝或聚乙烯细绳，使地膜和地面之间形成空隙，以利于提高地温和保持根系呼吸（图 2-27）。

4. 及时防疫

为防止病害发生，间隔 10～15 天喷施 75% 百菌清 600～800 倍液 2～3 次。浇第二水时每亩地冲施“壳聚糖”（植物生长复壮剂）10L。“壳聚糖”被誉为植物健康疫苗，可促使根系生长，修复栽培过程中受伤的根系组织，提高作物的抗逆能力。

图2－27 番茄覆盖白色地膜

（五）开花期管理

①温度控制：开花期间白天温度23～27℃，夜间12～15℃。

②缓苗后，叶面喷施99%禾丰硼1 500倍液，促进花芽分化，提高坐果率。

③吊蔓：植株长到50～60cm时，要及时进行吊蔓，防止植株倒伏。吊绳选择抗老化的聚乙烯细绳（图2－28）。

图2－28 番茄吊蔓

图2－29 打杈标准

④打杈：大多数番茄是采用单秆整枝的栽培方式。这就要求只留一个主生长点，把其余侧杈打掉。正常长势下当侧杈长到10～15cm时要打杈（图2－29、图2－30）。

图2－30 打杈

⑤授粉：目前，生产中普遍采用的授粉方式有3种。

一是使用2，4-D授粉。2，4-D是一种植物生长调节剂，低毒，常用浓度为5～10mg/L。目前，普遍应用的授粉方法是点花或喷花。市面上番茄坐果的药剂较多，所以，在选择时要严格按照使用说明稀释，使其达到合适的浓度，避免造成药害。在坐果药剂中一般要加入红颜色的色素，以便于区分处理和未处理的花序。点花最好是在8:00～10:00，用毛笔等工具蘸药后涂抹花柄，涂抹的长度一般在1cm左右（图2－31）。喷花是用微型喷壶，用喷壶对准已开放3～4朵花的花序喷施。喷花时要用另一只手遮挡（图2－32），避免药液喷到叶片上，同时也要注意喷出的药液不可过多，避免流到叶片上，造成激素中毒。注意不论采用哪种方式处理，每朵花只能处理一次，如果重复就会形成畸形果。

图2－31　点花

图2－32　喷花

二是振动授粉。在番茄开花期对花序柄进行处理，迫使花粉散出，辅助番茄授粉，从而达到提高坐果率的目的。每穗花有3朵以上开放时开始振荡，授粉在每日8:00～10:00进行，操作时使振荡针振荡方向与花序柄近似垂直接触，接触瞬间（0.5秒）即离开以免花序脱落，振荡针不得与花朵直接接触。此种方式具有操作方便，效率高，减少工人劳动强度，节约劳动成本等优点，提高坐果率、产量，而且果实均匀整齐，极大地提高了果实的商品性状，采用振荡器授粉后番茄果实产量高、品质好、基本无畸形果发生。若棚内温度达到30℃以上或无花粉时停止使用（图2－33）。

图2－33　振荡授粉器授粉

图2－34　熊蜂授粉

三是熊蜂授粉。熊蜂在阴天以及气温较低的条件下也可出来访花，特别适宜给冬季棚室蔬菜进行授粉。熊蜂授粉技术不仅可以增加番茄产量，提高果实品质，节约劳动力成本，而且还可以减少农药和化学激素的使用，使番茄生产更加绿色安全，目前，此项技术正在北方设施番茄生产中大力示范推广。放蜂期间注意不要喷施农药（图2－34）。

（六）结果期管理

1. 温度控制

坐果期间白天温度25～28℃，夜间13～15℃。

2. 疏果

根据不同的种植茬口，番茄留的果穗数也不相同，每一穗留果的数量也不一样。越冬一大茬一般留果18～21穗，每一穗留3～5个果形正、大小一致的果。秋延迟和早春茬一般留果6～8穗，每一穗留4～6个果（图2－35）。

3. 拾花

番茄在低温时期坐果后及时把果实萼片上或果实上的残花摘除，避免因湿度大而发生灰霉等病害（图2－36）。

图2－35　疏果

图2－36　摘除残花

4. 吊穗

生产中，我们经常看到番茄果穗柄因其果实负荷过重而被弯折，影响营养和水分的输送，导致膨果不良。解决这个问题有两种方法：一是“吊绳吊穗”的方法，在番茄坐果后，果实直径达到1cm左右时，将果穗用细绳或细铁丝吊起（图2－37、图2－38）。二是用一种防护番茄果穗柄弯折的产品——番茄防折夹。每穗果实坐果后，在果穗柄上放置防折环，操作时与整枝打杈同时进行，防折环的位置尽量靠近主茎基部，放好后不得移动位置以免擦伤植株表皮（图2－39）。

图2－37　用绑穗器固定果穗吊穗

图 2-38　吊穗

图 2-39　防折环防弯折技术

5. 浇水施肥

图 2-40　浇水追肥

一般情况下番茄的浇水追肥在第一穗果长到乒乓球大小时进行，但也要根据长势和土壤干湿情况决定浇水的时机提前或延后。浇水追肥要注重有机肥和生物菌肥（肽素活蛋白 20kg/亩）。合理搭配化学肥料（斯沃氮、磷、钾 20：20：20 或 13：7：40 大量元素水溶肥 10kg/亩），尤其在深冬期间，以养护土壤和生根养根为主，要严格控制化学肥料的用量，避免施用高氮和激素类的肥料（图 2-40）。

6. 打叶

为增加棚室内的通风透光和减少营养消耗，要适时摘除底部老叶。打叶的时机一般掌握在第一穗番茄果实膨大完成或着色之前开始，随着果实的成熟和采摘依次往上打叶，但植株上部要保持足够数量（8～10 片）的大叶，以便维持光合作用（图 2-41、图 2-42）。

图 2-41　去除底部叶片

图 2-42　番茄打叶后的长势

七、植保管理

（一）侵染性病害

1. 晚疫病

（1）发病症状

叶片染病多从下部叶片开始，形成暗绿色水渍状边缘不明显的病斑，扩大后呈褐色，湿度大时，叶背病健交界处出现白霉，干燥时病部干枯，脆而易破。整个生育期均可发病，主要危害叶和果实，也可侵染茎部。幼苗受害，近叶柄处呈黑褐色腐烂，蔓延至茎，造成幼苗萎蔫倒伏。叶片上病斑多从叶尖或叶缘开始发生，形状不规则，呈暗绿色水渍状，后逐渐变成褐色，边缘不明显，病斑上无轮纹。茎部病斑呈暗褐色，形状不规则，稍凹陷，边缘有明显的白色霉状物。果实上病斑多发生在绿果的一侧，边缘不明显，常以云纹状向外扩展，初为暗褐色油渍状病斑，后渐变为暗褐色至棕色，病斑占果面的1/3，被害部分深达果肉内部，果实质地硬实而不软腐，潮湿时，患病部可长出白色霉状物，如图2－43、图2－44、图2－45所示。

图2－43　受害植株正面

图2－44　受害植株背面

图2－45　受害植株

（2）药剂防治

发病初期，及时摘除病叶、病果及严重病枝，然后根据作物的发病情况，采用68.75%氟菌霜霉威叶面喷施800～1 000倍液；25%瑞毒霉800～1 000倍液浇灌根区；喷洒或浇灌50%安克可湿性粉剂，60%百泰可分散粒剂1 500倍液，银法利（687.5g/L）悬浮剂、66.8%霉多克可湿性粉剂800倍液、72.2%普力克水剂800倍液、40%乙膦铝可湿性粉剂400倍液、72%克露可湿性粉剂800倍液、25%嘧菌酯胶悬剂

1 500倍液、68%金雷水分散粒剂500倍液、64%杀毒矾可湿性粉剂500倍液等，隔7～10天用药1次，病情严重时可以5天用药1次，连续防治3～4次。

2. 灰霉病

（1）发病症状

灰霉病主要为害叶片和果实，也为害花及茎。叶片染病后，多从叶尖开始，病斑呈“V”字形向内扩展，为浅褐色，稍有深浅相间的轮纹，边缘逐渐变为黄色，以后叶片干枯，表面产生灰色霉层。果实染病，先从花器开始，残留的柱头或花瓣被侵染后向果柄、果面扩展，被害处果面变成灰白色，软腐，潮湿时病部产生灰绿色霉层，病果一般不脱落，失水后变硬。花部感病，使花腐烂，长出淡灰褐色霉层，并引起落花。茎部染病后，先呈水渍状小斑点，后扩展成长椭圆形斑，潮湿时病斑长出绿色霉层，严重时引起病部以上枯死，如图2－46、图2－47所示。

图2－46　灰霉病病果

图2－47　灰霉病病叶

（2）药剂防治

灰霉病初发时，一般仅表现在残败花期及中下部老叶，此时立即使用药剂效果最好。用50%速克灵1 500倍液或50%扑海因1 000倍液喷雾，或用50%农利灵可湿性粉剂1 500倍液，50%代森锌500倍液、50%敌菌灵600倍液、75%甲霜百菌清600～800倍液或70%甲基托布津800～1 000倍液、10%多氧霉素可湿性粉剂500倍液每隔7～10天喷雾1次，可用10%速克灵烟剂或45%百菌清烟剂熏治，每亩用药250g；喷施10%杀霉灵粉尘剂或5%白菌清粉尘剂，每亩用药1 000g。

3. 叶霉病

（1）发病症状

叶片发病，初期叶片正面出现黄绿色、边缘不明显的斑点，叶背面出现灰白色霉层，后霉层变为淡褐至深褐色；湿度大时，叶片表面病斑也可长出霉层。病害常由下部叶片先发病，逐渐向上蔓延，发病严重时霉层布满叶背，叶片卷曲，整株叶片呈黄褐色干枯。嫩茎和果柄上也可产生相似的病斑，花器发病易脱落，如图2－48、图2－49所示。

图 2-48　感病叶片正面

图 2-49　感病叶片背面

（2）药剂防治

发病初期，用25%苯甲丙环唑乳油3 000倍液，或25%苯·乙嘧酚1 500倍液，或70%硫黄·甲硫灵800倍液配加10%苯醚甲环唑600倍液喷雾。7~10天1次，连续喷施2~3次。尽量做到正反两面喷雾。

4. 灰叶斑

（1）发病症状

番茄灰叶斑病只为害叶片，发病初期叶面布满暗色圆形或不正圆形小斑点，后沿叶脉向四周扩大，呈不规则形，中部渐褪为灰白至灰褐色。病斑稍凹陷，多较小，直径2~4mm，极薄，后期易破裂、穿孔或脱落，如图2-50、图2-51所示。

图 2-50　中期症状

图 2-51　晚期症状

（2）药剂防治

发病初期，叶面喷施50%苯菌灵可湿性粉剂500~600倍液，或喷施72%甲霜灵锰锌600倍液配加25.5%异菌脲1 500倍液，7~10天1次，连喷2~3次，或喷施27.12%碱式硫酸铜悬浮剂1 000倍液，配加30%苯醚甲环唑可湿性粉剂800~1 000倍液或30%醚菌酯可湿性粉剂1 500倍液喷施。

5. 枯萎病

（1）发病症状

枯萎病是一种防治困难的土传维管束病害，致病菌为番茄尖镰孢菌。多在开花结果期开始发病，往往在盛果期枯死。发病初期，植株中、下部叶片在中午前后萎蔫，早、晚尚可恢复，以后萎蔫症状逐渐加重，叶片自下而上逐渐变黄，不脱落，直至枯死。有时仅在植株一侧发病；另一侧的茎叶生长正常。高湿时病部产生粉红色、白色或蓝绿色霉状物。拔除病株，切开病茎，可见维管束变为褐色，如图2－52、图2－53所示。

图2－52　田间危害状

图2－53　植株受害状

（2）防治方法

①农业措施：发病重的地块，要进行3～4年轮作。局部发病时可在发病地段栽苗的同时用50%多菌灵药土（亩用1kg药加40～60kg细干土拌匀）撒于定植穴，进行局部土壤消毒。发现零星病株，要及时拔除，定植穴填入生石灰覆土踏实，杀菌消毒。

② 药剂防治：发病初期，可向茎基部及周围土壤喷施50%多菌灵可湿性粉剂500倍液，或用70%甲基托布津可湿性粉剂500倍液。也可用50%多菌灵可湿性粉剂500倍液配加15%粉锈宁（三唑酮）可湿性粉剂1 500倍液，或用10%双效灵水剂200倍液，或用5%菌毒清400倍液，或用50%琥胶肥酸铜可湿性粉剂400倍液，或用70%敌克松可湿性粉剂500倍液灌根，每株灌药液300～500g，每7～10天灌1次，连灌2～3次。

③配方（取下喷雾器喷头淋灌或灌根）：

80%冠龙-21可湿性粉1 000倍液＋40%攻菌800倍液；

50%多菌灵可湿性粉剂500倍液＋0.004%芸薹素内酯水剂（云大-120）1 500倍液灌根7～10天1次，连续2～3次，每株灌药液100～150ml；

32%克菌乳油3 000倍＋2%春雷霉素（加收米）500倍移苗后至生长期灌根；

10%多氧霉素（宝丽安）1 000倍＋20%噻菌酮悬浮剂（龙克菌）500倍移苗后至生长期灌根；

35%威百亩水剂300倍液＋56%甲硫恶霉灵1 500倍液灌根。

6. 青枯病

(1) 发病症状

青枯病是一种导致全株萎蔫的细菌性病害，发病初期先是顶端叶片萎蔫下垂，后下部叶片凋萎，中部叶片最后凋萎，也有一侧叶片先萎蔫或整株叶片同时萎蔫的。发病初期，病株白天萎蔫，傍晚复原，病叶变浅。发病后，若土壤干燥，气温偏高，2~3 天全株即凋萎。如气温较低，连阴雨或土壤含水量较高时，病株持续 1 周后枯死，但叶片仍保持绿色或稍淡，故称青枯病。病茎表皮粗糙，茎中下部增生不定根或不定芽，湿度大时，病茎上可见初为水浸状后变褐色的 1~2cm 斑块，病茎维管束变为褐色，横切病茎，用手挤压，切面上维管束溢出白色菌液，这是本病与枯萎病区别的重要特征，如图 2-54、图 2-55 所示。

图 2-54　病茎维管束变为褐色　　**图 2-55　叶片凋萎**

(2) 药剂防治

发病初期，用 25% 叶枯唑可湿性粉剂 600~800 倍液配加 40% 金克雷霉素可湿性粉剂 600~800 倍液灌根，或用 3% 噻霉酮 1 500倍液配加 70% 琥珀酸铜可湿性粉剂 1 000 倍液或 47% 加瑞农（春雷氧氯铜）可湿性粉剂 500~800 倍液灌根。

7. 茎基腐病

(1) 发病症状

番茄茎基腐病多在进入结果期时发生，仅为害茎基部。发病初期，茎基部皮层外部无明显病变，而后期茎基部皮层逐渐变为淡褐色至黑褐色，绕茎基部一圈，病部失水变干缩。纵剖病茎基部，可见木质部变为暗褐色。病部以上叶片变黄、萎蔫。后期叶片变为黄褐色，枯死，多残留在枝上不脱落。根部及根系不腐烂，如图 2-56、图 2-57 所示。在连续阴雨天气、地面过湿、通风透光不良、茎基部皮层受伤等情况下，容易发病。病菌在土壤中的存活能力强，如果不进行土壤消毒，容易连年发病。

(2) 防治措施

连作地块利用夏季进行高温闷棚；

多增施秸秆、有机肥以改善土壤环境，增强土壤通透性；

番茄在定植时，尽量避免茎基部受损伤；

图 2－56　茎基部受害状

图 2－57　病叶

发病初期用70%甲基硫菌灵600倍液＋10%苯醚甲环唑800～1 200倍液喷淋茎基部。

8. 根腐病

(1) 发病症状

主要危害番茄根部，发病初期在主根和茎基部产生褐斑，后逐渐扩大凹陷，严重时主根变褐腐烂，如图2－58、图2－59所示。病菌在土壤中生存繁殖并能越冬，可存活多年。病害传播主要是带菌的育苗基质、土壤、农具和浇水等。重茬连作是此病发生流行的关键。土壤通透性差、施用未腐熟的肥料、地下害虫多、农事操作造成根部伤口多的地块发病较重。

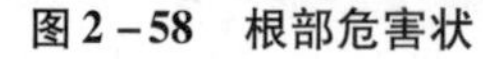

图 2－58　根部危害状

图 2－59　根变褐腐烂

(2) 防治措施

与其他科属作物轮作，避免常年连作；

夏季进行高温闷棚，利用高温和土壤处理剂进行土壤杀菌和消毒；

发病初期用42%威百亩300倍液＋56%甲硫恶霉灵1 500倍液＋72%甲霜灵锰锌600倍液灌根。

9. 早疫病

(1) 发病症状

早疫病的最主要特征是不论发生在果实、叶片或主茎上的病斑，都有明显的轮纹，所以，又被称为轮纹病。果实病斑常在果蒂附近，茎部病斑常在分杈处，叶部病斑发生在叶肉上。叶面初生褐色至深褐色斑点，扩大后呈圆形或椭圆形，呈黑褐色轮纹。发病期从植株下部叶片开始，逐渐向上发展，如图 2－60、图 2－61 所示。温度偏高、湿度偏大有利于发病。当植株进入第一穗果膨大期时，在下部和中下部较老的叶片上开始发病，并发展迅速，然后随着叶片的向上逐渐老化而向上扩展，大量病斑和病原都存在于下部、中下部和中部植株上。

图 2－60　茎上病斑

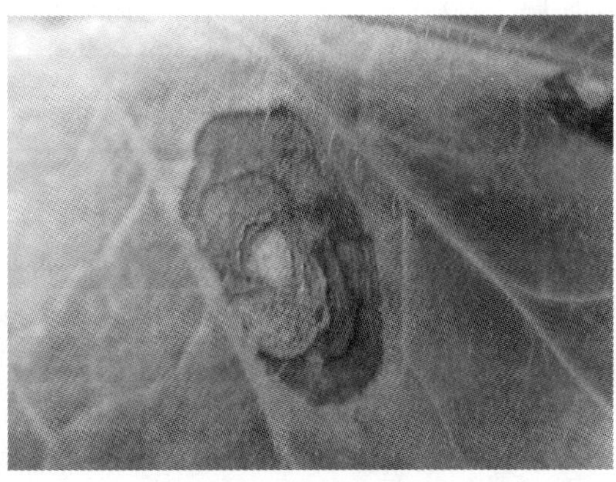

图 2－61　叶片病斑

（2）防治措施

发病初期，喷施 50% 多・霉威可湿性粉剂 600～800 倍液，或喷施 77% 氢氧化铜可湿性粉剂 500～750 倍液，或喷施 50% 腐霉利可湿性粉剂 1 200倍液、65% 代森锌 500 倍液、50% 异菌脲 1 500倍液、40% 菌核净 800 倍液进行防治。

10. 斑枯病

（1）发病症状

斑枯病多从植株下部叶片开始发生，叶正反面均出现圆形或近圆形病斑，边缘深褐色，中间灰白色，稍凹陷，果实上散生黑色小斑点，直径 3mm，呈鱼眼状。严重时布满全叶，导致叶片褪绿变黄，如图 2－62、图 2－63 所示。湿度大易发病，高温干旱不利于发病。病菌发育适温 22～26℃，12℃以下或 27℃以上不利于发病。高湿条件有利

图 2－62　茎部症状

图 2－63　叶片症状

于分生孢子从分生孢子器内溢出，适宜相对湿度为92% ~94%，达不到这个湿度就不发病。

（2）防治措施

发病初期，用50%多菌灵可湿性粉剂800 ~ 1 000倍液、或用70%甲基托布津可湿性粉剂1 000倍液、或用65%代森锌可湿性粉剂500倍液、或用58%甲霜锰锌400倍液、或用70%代森锰锌500倍液喷施。

11. 猝倒病

（1）发病症状

主要危害幼苗或引起烂种。幼苗的茎基部产生黄褐色水浸状病斑，扩展并绕茎一圈，腐烂干枯而凹陷，产生缢缩，子叶和幼叶仍保持绿色，幼苗即倒伏于地，出现猝倒现象，如图2－64所示。

（2）药剂防治

72%甲霜灵锰锌500倍液，或用70%乙膦铝锰锌600 ~800倍液喷淋茎基部加灌根。

12. 立枯病

（1）发病症状

幼苗中后期发病较多。幼苗茎基部出现长圆形或椭圆形明显凹陷的病斑。白天萎蔫，夜晚恢复，病斑横向发展，绕茎一周后缢缩，根部逐渐干枯，萎蔫再恢复，直至枯死。受害幼苗往往不倒伏，故名立枯病，如图2－65所示。

图2－64　幼苗猝倒病

图2－65　幼苗立枯病

（2）发病规律

发病的温度范围13 ~41℃，最适温度为20 ~24℃。病菌主要通过水流、带菌肥料、农具传播。播种过密、通风不良、湿度大、光照不足、幼苗生长细弱的苗床或地块易发病。

（3）药剂防治

50%多菌灵可湿性粉剂800 ~ 1 000倍液；或用70%甲基硫菌灵可湿性粉剂1 000倍液配加56%甲硫恶霉灵1 500倍液灌根。

13. 软腐病

（1）发病症状

该病主要侵染茎秆和果实。茎秆发病多出现在生长期，近地面茎部先出现水渍状污绿色斑块，扩大至圆形或不规则形褐斑，斑周显浅色窄晕环，病部微隆起。果实发病主要在成熟期之前，初期病斑为圆形褪绿小白点，变为污褐色斑。随果实着色，成熟度增加及细菌繁殖为害，果皮病斑渐扩展到全果，但外皮仍保持完整，内部果肉腐烂水溶，有恶臭味，如图 2－66、如图 2－67 所示。

图 2－66　果皮病斑

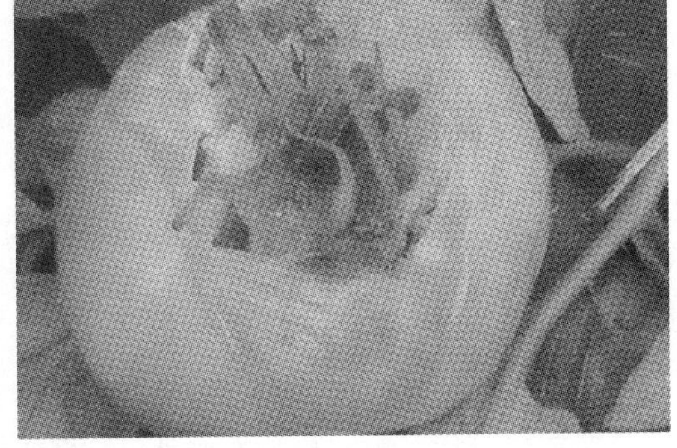

图 2－67　果肉腐烂

（2）发病规律

病菌随风雨、灌溉和昆虫传播，经伤口侵入。青果若伤口大，腐生霉菌或其他细菌混合为害，伤口迅速扩展湿烂，导致落果，茎部侵入途径主要来自整枝时造成的大伤口，这种伤口一般很大，短期内难以愈合，给病原侵入创造了条件。细菌侵入后导致腐烂。潮湿、阴雨天气或露水未干时整枝打杈以及虫伤多的地块发病重。植株生长过旺，湿度大常诱发此病。

（3）药剂防治

3% 中生菌素可湿性粉剂 1 000倍液配加 3% 噻霉酮水分散剂 1 500倍液，或用 47% 春雷氧氯铜 800 倍液，或用 70% 琥珀酸铜可湿性粉剂 1 000倍液喷雾。

14. 细菌性溃疡病

（1）发病症状

全生育期期均可发病，病株发生萎蔫和死亡，幼苗染病，真叶从下向上打蔫，叶柄或胚轴上产生凹陷坏死斑，横剖病茎可见维管束变褐，髓部出现空洞，致幼苗枯死。成株染病，常从下部开始显症，初发病时下部叶片边缘褪绿打蔫后卷曲，全叶呈青褐色皱缩干枯。该病进一步扩展时，在叶柄、侧枝或主茎上产生灰白色至灰褐色条状斑枯，茎部开裂，剖茎可见髓部开始变空，维管束褐变。病害扩展缓慢时，病茎略变粗，其表面生出较多不定根或刺状突起，病菌通过维管束侵入果实，造成果实皱缩、畸形，由外部侵染果实引起“鸟眼状”斑点，影响番茄的产量和质量，危害十分严重，如图 2－68、如图 2－69 所示。

图 2-68　发生细菌性溃疡的番茄植株

图 2-69　发生细菌性溃疡的番茄果实

（2）药剂防治

3%噻霉酮可湿性粉剂 1 500倍液配加 70%琥珀酸铜可湿性粉剂 1 000倍液，或用 47%加瑞农（春雷氧氯铜）可湿性粉剂 500～800 倍液喷施。

15. 病毒病

（1）发病症状

番茄病毒病，田间症状有多种。一是花叶型：叶片显黄绿相间或深浅相间的斑驳，或略有皱缩现象；二是蕨叶型：植株矮化、上部叶片成线状、中下部叶片微卷，花冠增大成巨花，此病毒应区别于激素中毒；三是卷叶型：叶脉间黄化，叶片边缘向上方弯卷，小叶扭曲、畸形，植株萎缩或丛生；四是黄顶型：顶部叶片褪绿或黄化，叶片变小，叶面皱缩，边缘卷起，植株矮化，不定枝丛生，如图 2-70、图 2-71 所示。

图 2-70　病叶

图 2-71　病果

（2）发病规律

病毒可在多种植物上越冬，也可附着在番茄种子上、土壤中的病残体上越冬，田间杂草、棚室内外作物都可以成为病毒的寄主。病毒主要通过汁液接触传染，目前，有些新型病毒也靠气流传播。害虫迁飞传毒是多种病毒传播的主要途径。番茄病毒病的发生与环境条件关系密切，一般高温干旱天气利于病害发生。此外，缺铁缺锌等微量元素也会导致发生。

（3）药剂防治

目前，并没有治愈病毒的特效药，所有抗病毒的药剂都是钝化剂，病毒防治首先应选择抗病毒品种，其次要从环境管理入手，并切断传播途径，配合喷施相关钝化病毒的药剂以达到控制危害的目的。发现病毒植株应立即拔除，并在原地撒施石灰消毒，20%盐酸吗啉胍铜1 500倍，或用2%氨基寡糖600倍液，或用8%宁南霉素800倍液喷施，并配加禾丰铁、锌微量元素。

（二）非侵染性病害

1. 激素中毒

（1）发病症状

低温季节栽培番茄，为促进坐果，往往用2，4-D涂抹花梗，此药容易产生药害，但效果优于防落素。轻度受害叶片在高温下呈萎蔫状。严重者僵硬、细长，小叶不能展开，纵向皱缩，呈鸡爪状，叶缘扭曲畸形，叶片变为细小的蕨叶，并白化。如图2－72、如图2－73所示。

图2－72　中毒植株

图2－73　中毒叶片

（2）发生原因

点花或喷花时所用药剂的浓度过高或药液过多。

（3）防治措施

0.004%芸薹素内酯1 500倍液配加0.136%芸薹·吲乙·赤霉酸15 000倍液叶面喷施。目前，生产上为提高效率，可用微型喷雾器直接向花序上喷洒其他更安全的保花保果剂，如防落素、番茄丰产剂2号等。

2. 坐果不良

（1）发病症状

在番茄开花结果过程中，由于各种因素影响花果发育，如图2－74所示。

（2）发生原因

温度不合理，高温或低温导致花芽分化不良；植株营养生长过旺，导致生长失调；缺硼。

图 2－74　受害花

（3）防治措施

合理控温，高温时期加盖遮阳网降温，低温时期加强保温，如有旺长现象，要及时调节，叶面喷施 20% 控旺保丰素 1 500倍，定植后叶面喷施 99% 禾丰硼 1 500倍液配加促进花芽分化的叶面肥 35% 细胞分裂素（果神三号）15 000倍液。

3. 裂果

（1）发病症状

裂果有纵裂、放射状纹裂果和混合状纹裂果，如图 2－75 所示。

图 2－75　裂果

（2）发生原因

品种原因；供水不均匀；氮多、钙少。

（3）防治措施

选择抗裂品种，做到小水勤浇，保持土壤合理湿度，施肥要均匀，避免偏施氮肥，叶面喷施 16% 优果钙 1 000倍混加食醋 300 倍液。成熟后及时采收，必须在果实开裂前采收。

4. 生理性卷叶

（1）发病症状

番茄采收前或采收期，第一果枝叶片稍卷，或全株叶片呈卷筒状，变脆，致果实直接暴露于阳光下，影响果实膨大，或引致日灼。此病有时突然发生，如图2－76 所示。

图 2－76 卷叶

（2）发生原因

番茄生理性卷叶现象在高温时期发生普遍，主要原因是高温、干旱、强光。

（3）防治措施

夏季高温时段加盖遮阳网，叶面喷施 5.5% 壳聚糖（植物生长复壮剂）150 倍液，增强抗高温能力。

5. 生理性黄叶

（1）发病症状

在果实膨大期，植株下部老叶叶脉间叶肉褪绿、黄化，形成黄色花斑，叶面似绿网。严重时叶片略僵硬，边缘上卷，黄斑上出现坏死斑点，并可在叶脉间愈合成褐色块，致使叶片干枯，整叶死亡。症状会向中、上部叶片发展，直至全株叶片黄化，如图 2－77 所示。

图 2－77 黄叶

（2）发生原因

不合理冲施肥料伤根；土壤酸化，影响养分吸收；缺镁。

（3）防治措施

合理施肥，以有机肥为主，注重养根。叶面喷施4%海藻酸叶面肥海绿素1 000倍混加98%优果镁1 500倍，5～7天喷施1次，连续2～3次。

6. 脐腐病

（1）发病症状

该病一般在果实长至核桃大时发病。最初表现为脐部出现水浸状病斑，后逐渐扩大，致使果实顶部凹陷、变褐。病斑通常直径1～2cm，严重时扩展到小半个果实。在干燥时病部为革质，遇到潮湿条件，表面生出各种霉层，常为白色、粉红色及黑色。这些霉层均为腐生真菌，而不是该病的病原。发病的果实多发生在第一、第二穗果实上，这些果实往往长不大，发硬，提早变红，如图2－78、图2－79所示。

图7－78 脐腐病病株

图2－79 脐腐病病果

（2）发生原因

土壤缺钙；土壤高温干旱影响钙元素吸收。

（3）防治措施

底肥撒施海洋生物活性钙补充中量元素。坐果后合理浇水，叶面喷施16%优果钙1 500液混加20%叶枯唑可湿性粉剂500倍液，或喷施3%噻霉酮可湿性粉剂1 500倍液。

7. 芽枯病

（1）发病症状

芽枯病发生部位一般在植株第二、第三穗果的着生处附近。发病株腋芽处出现纵缝，形成裂痕，呈竖“一”字形或“Y”形，裂痕边缘有时不整齐。芽枯病发生严重的植株，生长点枯死不再向上生长，而是出现多分枝向上长的情况。这种情况主要发生于夏秋保护地栽培的番茄上，如图2－80所示。

（2）发生原因

硼肥、锌肥供应不足，土壤忽干忽湿，温度过高，光照过强是造成芽枯病发生的重要原因。

（3）防治措施

合理施肥，以有机肥为主，注重养根。叶面喷施4%海藻酸叶面肥海绿素1 000倍

图 2－80　受害植株

液＋99%禾丰硼 1 500倍液＋15%优果锌 1 500倍液，5～7 天喷施 1 次，连续 2～3 次。

8. 筋腐病

（1）发病症状

筋腐病的症状主要是番茄果实着色不均匀，有绿有红，有时被称为“花皮果”，等果皮发红的部位变软了，发绿的部位才能转红。果实皮绿色时看不出来，等果实皮色开始转红时就会出现这种花皮果。这种花皮病是一种生理病害，也就是筋腐病（图 2－81）。

图 2－81　果实着色不良

（2）发生原因

筋腐病发生在低温弱光的环境，同时和肥料有关，在多用氮肥特别是铵态氮过量及钾不足或吸收受阻等条件，有利于筋腐病的发生。因此，根腐病、枯萎病等土传病害的发生，导致营养吸收受阻，这也是产生花皮果的重要原因。另外，温度不适宜也是影响番茄着色的原因。当温度长时间高于 32℃或低于 5℃时，茄红素形成受阻而影响着色。

（3）防治措施

多增施有机肥，合理调配氮磷钾肥料；有根腐、枯萎病等土传病害的要进行土壤处理；合理控温，避免长时间极端温度；叶面喷施 99%磷酸二氢钾 1 500倍液＋99%禾丰硼 1 500倍液。

【小资料】

趣话番茄

相传番茄的老家在秘鲁和墨西哥，原先是一种生长在森林里的野生浆果。当地人把它当作有毒的果子，称之为“狼桃”，只用来观赏，无人敢食。当地传说狼桃有毒，吃了狼桃就会起疙瘩长瘤子。虽然它成熟时鲜红欲滴，红果配绿叶，十分美丽诱人。但正如色泽娇艳的蘑菇有剧毒一样，人们还是对它敬而远之，未曾有人敢吃上一口，只是把它作为一种观赏植物来对待。

据记载，16 世纪，英国有位名叫俄罗达拉的公爵在南美洲旅游，很喜欢番茄这种观赏植物，于是如获至宝一般将之带回英国，作为爱情的礼物献给了情人伊丽莎白女王以表达爱意，从此，“爱情果”、“情人果”之名就广为流传了。但人们都把番茄种在庄园里，并作为象征爱情的礼品赠送给爱人。

过了一代又一代，仍没有人敢吃番茄。

到了 17 世纪，有一位法国画家曾多次描绘番茄，面对番茄这样美丽可爱而“有毒”的浆果，他还躺在床上，鼓着眼睛对着天花板发愣。怎么？他吃了一个像毒蘑一样鲜红的番茄居然没死！他咂巴咂巴嘴唇，回想起咀嚼番茄那味道好极了的感觉，满面春风地把“番茄无毒可以吃”的消息告诉了朋友们，他们都惊呆了。不久，番茄无毒的新闻震动了西方，并迅速传遍了世界。

从那以后，上亿人均安心享受了这位“敢为天下先”的勇士冒死而带来的口福。到了 18 世纪，意大利厨师用番茄做成佳肴，色艳、味美，客人赞不绝口。番茄终于登上了餐桌。从此，番茄博得众人之爱，被誉为红色果、金苹果、红宝石、爱情果。

当前，番茄作为一种蔬菜，已被科学家证明含有多种维生素和营养成分，如番茄含有丰富的维生素 C 和 A 以及叶酸、钾这些主要的营养元素。特别是它所含的茄红素，对人体的健康更有益处，而一些水果如西瓜、柚、杏只含有少量的茄红素。当然，人们称番茄为“爱情果”，还因为此果真有如爱情一般的功效，可以让女孩子们更加美丽，让小孩子们更加健康呢！

第二节　茄　子

茄子属于茄科，茄属，又名落苏、伽子、昆仑紫瓜，属于喜温性蔬菜。起源于亚洲热带东南地区，古印度为最早驯化地，一般认为中国是茄子第二起源地。南北朝栽培的茄子为圆形，与野生形状相似。元代则培养出长形茄子，到清朝末年，这种长茄被引入日本。茄子的营养较丰富，含有蛋白质、脂肪、碳水化合物、维生素以及钙、磷、铁、钾等多种营养成分，茄子按照形状可分为：圆茄、长茄、灯泡茄子。按颜色可分为：紫茄、白茄和绿茄。茄子是为数不多的紫色蔬菜之一，也是餐桌上十分常见的家常蔬菜。在它的紫皮中含有丰富的维生素 E 和维生素 P，这是其他蔬菜所不能比的，含有丰富的蛋白质、维生素、钙盐等营养成分。主治寒热，五脏劳损，可散血止痛，消肿宽肠，有防止出血和抗衰老功能，常吃茄子，可使血液中胆固醇水平不致增高，对延缓人体衰老具有积极的意义。但是茄子性寒，长期受寒的人不能多吃，否则会损人动气，发疮及旧疾。果实有少量特殊苦味物质—茄碱苷，有降低胆固醇、增强肝脏生理功能的作用。

一、生物学特性

（一）植物学特性

1. 根

茄子根系发达，根深50cm，横向伸展可达120cm，根系木质化较早，不定根发生能力弱，根系再生性比番茄差，不宜移植，育苗时注意护根（图2－82）。

图2－82　茄子根系

2. 茎

茄子茎木质化，粗壮直立，分枝能力强，茎和叶柄颜色与果实颜色有相关性。紫色茄，茎及叶柄为紫色；绿色茄和白色茄，茎及叶柄为绿色，茎一般不易徒长，营养生长与生殖生长较平衡（图2－83）。

图2－83　茄子的茎

3. 叶

茄子叶片为近椭圆形单叶，叶脉清晰，叶背部长有小刺（图2－84）。

图 2-84　茄子叶片

4. 花

茄子的花为两性花，一般单生，但也有 2～3 朵簇生的。花由花萼、花冠、雄蕊、雌蕊四部分组成，雄蕊包围着雌蕊（图 2-85）。

图 2-85　茄子的花

5. 果实

茄子果实表皮有光泽，形状有卵圆形、扁圆形、圆形和长条形等（图 2-86）。

图 2-86　茄子果实

（二）生长发育过程及其特性

1. 茄子的生长发育过程

茄子的一个发育周期可分为发芽期、幼苗期、开花坐果期、结果期。

（1）发芽期

从种子萌发到第一片真叶出现为发芽期。茄子发芽期较长，一般需要 10 ~ 12 天。发芽期能否顺利完成，主要决定于温度、湿度、通气状况及覆土厚度等。

（2）幼苗期

由第一片真叶出现至开始现大蕾为幼苗期，需要 50 ~ 60 天。茄子幼苗期经历两个阶段：第一片真叶出现至 2 ~ 3 片真叶展开，即花芽分化前为基本营养生长阶段，这个阶段主要为花芽分化及进一步营养生长打下基础；2 ~ 3 片真叶展开后，花芽开始分化，进入第二阶段，即花芽分化及发育阶段，从这时开始，营养生长与花芽发育同时进行。一般情况下，茄子幼苗长到 3 ~ 4 片真叶、幼茎粗度达到 0.4cm 左右时就开始花芽分化；长到 5 ~ 6 片叶时，就可现蕾。

（3）开花坐果期

从现蕾到果实坐住为开花坐果期。一般需 8 ~ 12 天。这一时期处于由营养生长为主向生殖生长为主的过渡阶段，若营养生长占优势，果实生长量就很小，并推迟采收期。因此，应适当控制水分，促进果实发育。

（4）结果期

从门茄“瞪眼”到拉秧为结果期。门茄瞪眼后以果实增大为主，花果的干物质产量超过茎叶，果实生长占优势，此时容易发生果实对茎叶和下层果实的抑制作用。因此，门茄瞪眼后应加强肥水管理，保证茎叶的持续生长和果实膨大。对茄和四门斗结果时期是茄子生长盛期，此时更要加强水肥管理，以防早衰。茄子从瞪眼到商品成熟需 13 ~ 14 天，从商品成熟到种子成熟还需 30 天。

2. 长势判断

日光温室茄子条件适合时，营养生长和生殖生长协调，叶片大小适中，叶脉明显。茎较粗壮，节间长 10 ~ 15cm。花大色浓，开花的节位上部有 4 ~ 5 片展开叶。枝条伸长和侧枝发育正常。果实生长快，形态整齐而有光泽。茄子各个生育期正常长势，见图 2 - 87至图 2 - 90。

图 2 - 87　缓苗后正常长势

图 2 - 88　生长前期正常长势

图 2-89 结果期正常长势

图 2-90 生长后期正常长势

（三）茄子对环境条件的要求

（1）温度

对温度的要求比番茄高，耐热性较强，但高温多雨季节易烂果，发芽适温 30℃，生长适温 20～30℃，高于 35℃，短柱花多，易落花落果。

（2）光照

茄子为喜光性作物，光饱和点 40klx，补偿点 2klx，弱光易落花落果。

（3）水分

前期需水少，“对茄”开始，需水量增多，过湿易出现沤根。枝大叶茂时需水量大。

（4）土壤及营养

pH 值 6.8～7.3，若干旱、瘠薄，易造成皮厚、肉硬、种子多、产量低。

茄子各个生育期要求适宜温度和土壤湿度，见表 2-4。

表 2-4 茄子各个生育期要求适宜温度和土壤湿度表

时期	白天温度（℃）	夜间温度（℃）	土壤湿度（%）
播种至出土	25～32	18～22	85
出土至嫁接前	25～28	15～18	75
嫁接后至缓苗	28～32	18～22	85
缓苗至定植前	25～28	15～17	65
结果前期	26～29	15～17	80
盛果期	25～30	15～17	60～80
生长后期	25～28	13～16	55～60

二、茬口安排

目前，温室栽培的主要茬口有越冬一大茬栽培、秋延迟栽培和早春茬栽培。越冬一大茬栽培的定植时间一般在 10 月底至 11 月初，秋延迟栽培的定植时间一般在 9 月底至 10 月初，早春茬栽培的定植时间一般在 2 月上旬前后。

三、品种选用

（1）圆茄品种

快圆，该品种为早熟品种，适于露地及保护地栽培，株高60～70cm，开展度60cm左右，茎紫绿色，叶绿色，叶柄及叶脉浅紫色，门茄多着生于6～7节，果实近圆形，果皮紫红色或者深紫色有光泽，果肉白致密。单果重800g左右，定植至始收期35～45天，果实生长快，产量高。

（2）长茄品种

布利塔，是由荷兰瑞克斯旺公司培育的高产抗病耐低温优良品种。该品种植株开展度大，无限生长，花萼小，叶片中等大小，无刺，早熟，丰产性好，生长速度快，采收期长。适用于日光温室、大棚多层覆盖越冬及春提早种植。果实长形，长25～35cm、直径6～8cm，单果重400～450g，紫黑色，质地光滑油亮，绿萼，绿把，比重大。耐储存，商品价值高。

（3）绿茄品种

真绿茄，该品种为直立型品种，株高71.6cm，开展度70.2cm。茎秆、叶片和叶脉均为绿色，叶片肥大，叶缘波状；花紫色。果实长椭圆形，纵径18cm，横径7cm，果皮鲜绿色而且有光泽。果肉白色，松软细嫩，味甜质优，商品性状好，单果重350g。在辽沈地区从播种到商品果始收期仅需109天左右，属于中早熟品种。

（4）白茄品种

白玉白茄，该品种为杂交一代品种，植株生长势强，株高约96cm。早熟，播种至始收春季105天，秋季86天，延续采收期46～68天，全生育期151～154天。果实长棒形，头尾均匀，尾部尖。果皮白色，光泽度好，果面着色均匀，果上萼片呈绿色；果肉白色、紧实。果长25.7～26.1cm，横径4.11～4.30cm。单果重192g。

四、嫁接育苗

（一）种子处理。

参照番茄种子处理。

（二）砧木选择

目前，用于茄子嫁接的砧木一般是：赤茄和托鲁巴姆。

赤茄也称红茄、平茄，是应用比较早的砧木品种。主要特点是对茄子枯萎病有很好的抗性，中抗黄萎病。茎黑紫色，比较粗壮，低温条件下植株生长良好。赤茄做砧木要比接穗提前10天播种。

托鲁巴姆是目前应用最广泛的砧木品种。可以抗多种土传病害，选用托鲁巴姆做砧木嫁接茄子后，植株长势旺盛，根系发达，易获得高产。托鲁巴姆砧木要比接穗提早25～35天播种（催芽后播种的提前25天，直播的提前35天）。

（三）营养土配制

1. 接穗营养土配制

茄子苗床选择地势较高，排水良好的地块。苗床为平畦，上边设小拱架，拱架上覆盖防虫网，雨天覆盖塑料棚膜防雨，高温时期覆盖遮阳网。营养土按照 $1m^2$ 加入 5kg 充分腐熟的粪肥，0.03kg 氮磷钾平衡的三元素复合肥，混匀后苗床旋耕，耙匀，踏平。

2. 砧木营养土配制

砧木育苗时选用 10cm × 10cm 或 10cm × 12cm 的营养钵。营养钵的营养土配制：每 1 000个钵的营养土中加入 30kg 充分腐熟晒干的牛粪、马粪等，或者直接使用成品有机肥，每千钵营养土中加入 8 ~ 10kg 有机肥（芽孢蛋白有机肥或阿维蛋白有机肥等），再加入 3 ~ 4kg 促进种子萌发和根系生长的营养肥——肽素活蛋白。

（四）播种

将营养土拌匀后装营养钵并整齐排放在育苗畦内，苗床灌大水浇透。待水完全渗下后，开始播种，播种后撒 1.5 ~ 2cm 的厚的覆土。覆土撒施完毕后苗床覆盖白色地膜保湿。砧木的播种时间要比接穗（茄子）早（图 2 -91 至图 2 -96）。

图 2 -91　苗床耙匀整平

图 2 -92　大水浇透苗床

图 2 -93　播种

图 2 -94　撒施覆土

（五）嫁接

当砧木长到 6 ~ 8 片真叶、接穗长到 5 ~ 6 片真叶时，茎半木质化、茎粗 0.3 ~ 0.5cm 时，最适宜嫁接。砧木从离营养土 3 ~ 5cm 高的地方平切，去掉上部其他全部叶片（图 2 -97），然后用刀片纵切。在砧木茎中间垂直切劈口深约 1cm（图 2 -98），随后将接穗从半木质化处去掉下部（图 2 -99），一般切去子叶及其上面的 2 片真叶，保留上部 2 ~ 4

图2－95　覆盖地膜

图2－96　接穗嫁接前长势

片真叶，把茎削成楔形（图2－100），楔形大小与砧木切口相当（楔长0.6～0.8cm），随后将接穗接入砧木的切口中（图2－101），对齐后用嫁接夹夹好（图2－102），然后移入嫁接苗床中（图2－103、图2－104）。

图2－97　砧木去掉上部

图2－98　砧木茎中间垂直切劈口

图2－99　接穗从半木质化处去掉下部

图2－100　把茎削成楔形

图 2-101 将接穗接入砧木的切口

图 2-102 用嫁接夹夹好

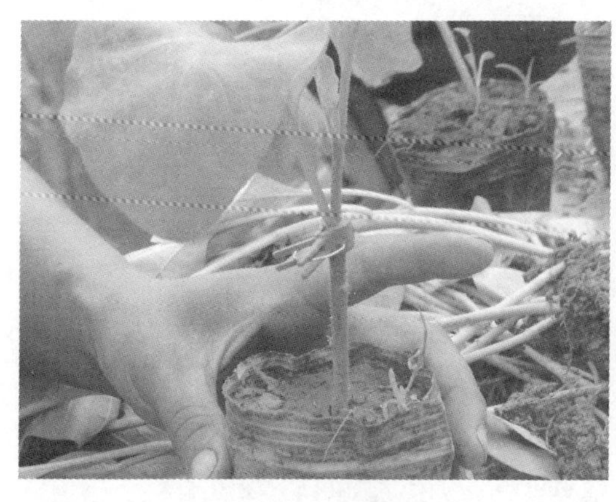

图 2-103 嫁接完成

图 2-104 把嫁接苗移入苗床

（六）嫁接后管理

①全部嫁接完毕后，把苗整齐排放在苗床中，苗床扣小拱棚，上覆盖塑料棚膜，高温时期外部加盖遮阳网。

②合理控制温度。白天小拱棚内保持气温 25～30℃，空气相对湿度 95% 以上。

③嫁接后 3 天无需通风受光，从 4 天开始通风，并逐渐见光，5～7 天后嫁接苗成活。

④保持苗床湿度，如苗床过干可适量喷洒清水，嫁接后 35～45 天即可定植。

五、土壤管理

（一）正常土壤施肥方案

根据配方施肥的原则，茄子的底肥用量，见表 2-5。

表 2－5　茄子的底肥用量表

用肥种类	腐熟过的粪肥	芽孢蛋白有机肥	复合肥	海洋生物活性钙	精品全微肥
亩用量	15～20m^3	200～300kg	150～200kg	50～75kg	20～30kg
效果特点	长效补充有机质	快速补充有机质、蛋白质	补充氮磷钾大量元素	补充钙镁硫中量元素	补充微量元素
注意事项	必须腐熟	撒施或包沟	选择平衡型	必须施用	必须施用

将上述肥料均匀撒施后深翻或旋耕（图 2－105）。

图 2－105　撒施肥料

（二）土壤改良

土壤改良参见第一章第二节。

六、田间农艺管理

（一）栽培模式

起垄栽培（图 2－106、图 2－107）。

图 2－106　起垄

图 2－107　起好的垄

（二）株行距确定

茄子种植行距一般是大行 80cm，小行 60cm。株距为 35 ~ 55cm。一般亩栽植 1 600 ~ 2 500株。

（三）定植

①确定好株行距后，在垄上开定植穴，为快速缓苗，促进根系生长，在定植穴内撒施有机肥料（肽素活蛋白），一亩地撒施 15 ~ 20kg，撒施后与土拌匀（图 2 - 108、图 2 - 109）。

图 2 - 108　定植穴内撒施有机肥料

图 2 - 109　将肥料与土拌匀

②定植完毕后浇大水，随水冲施 EM 菌剂沃地菌丰每亩地 10L，补充有益菌（图 2 - 110、图 2 - 111）。

（四）定植后管理

1. 合理控温

定植后缓苗前白天温度 28 ~ 30℃，夜间 18 ~ 20℃。缓苗后白天 28 ~ 30℃，夜间 15 ~ 18℃。

图 2－110　定植

图 2－111　补充有益菌

2. 覆盖地膜

覆盖白色地膜（图 2－112）。

3. 定植后易发生的非侵染性病害原因解析及对策

（1）有害气体危害

发生的主要原因是底肥中施用未经充分的粪肥，粪肥在分解的过程中产生氨气、二氧化硫等有害气体，对作物造成危害（图 2－113）。应对方法：加大棚室通风，在土壤半干情况下及时浇小水，叶面喷施 0.136% 芸薹·吲乙·赤霉酸（碧护）15 000 倍液。

图 2－112　覆盖白色地膜

图 2－113　有害气体危害

（2）底部叶片发黄

发生原因主要是浇水量过大导致根系缺氧，或不合理施肥造成伤根 。解决方案：控制浇水量，不可大水漫灌，合理施肥，低温时期以有机生物菌肥为主。用 5.5% 植物复壮剂 400 倍液浇灌根部（图 2－114）。

（3）抑制生长过度

发生原因是定植时使用了抑制生长的药物，或是上茬作物上喷施过具有残留作用的生长抑制剂，造成土壤中有残留，或者是冲施或喷施过生长抑制剂。解决方案：叶面喷施4%赤霉酸10 000倍，或用0.004%芸薹素内酯1 500倍液配加52%优果氮1 500倍液喷施加灌根（图2－115）。

图2－114　子叶发黄

图2－115　抑制生长过度

4. 及时防疫

为防止病害发生，间隔10～15天喷施75%百菌清600～800倍液2～3次。浇第二水时每亩地冲施“壳聚糖”（植物生长复壮剂）10L，以提高茄子的抗病及抗低温能力（图2－116）。

图2－116　缓苗水冲施复壮剂

（五）开花期管理

1. 温度控制

开花期间白天温度26～29℃，夜间15～17℃。

2. 打杈

茄子一般采取双干整枝法，也称“V字形整枝法”。即采取保留双主干，对其余枝条尤其是垂直向上的枝条一律摘除。整枝时期是在“门茄”坐果后，将“门茄”以下所发生的腋芽全部打去；在“对茄”和“四母茄”坐果后将其下部的腋芽全部摘除，以便能使营养集中供给果实发育的需要（图2－117）。

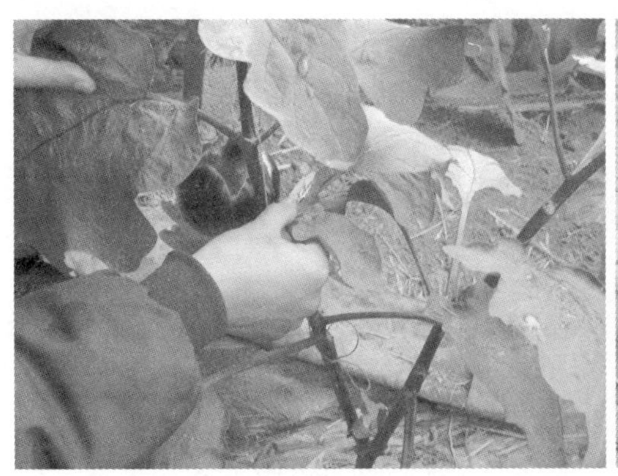

图 2－117　去除侧杈

图 2－118　选用抗老化聚乙烯塑料绳

3. 吊蔓

茄子在分枝生长到 40cm 时进行吊蔓，每一主干用一根绳，选用抗老化的聚乙烯高密度塑料线或塑料绳（图 2－118），吊绳的下端用活扣固定在植株主茎上或扣系在叶柄上（图 2－119 至图 2－121）。

图 2－119　吊蔓下部

图 2－120　吊蔓中部

图 2－121　吊蔓上部系在钢丝上

4. 生长调控

茄子在生长期间如出现节间变长，叶片大而薄，开花不好，不易坐果，出现膨果缓慢的现象时，说明营养生长旺盛，也就是说出现了徒长，这个时候要合理地进行调控（图2－122）。

调控措施：合理控制夜温，如有旺长趋势，夜间温度控制在 13～15℃。叶面喷施安全高效的生长调控剂（56%光合菌素 1 500倍），喷施时要进行二次稀释，全株叶面喷施。

如果超量使用了生长抑制剂，可叶面喷施 4%赤霉酸 15 000倍或 0.136%芸薹・吲乙・赤霉酸（碧护）15 000倍配加 52%优果氮 1 500倍，夜间温度适当提高，控制在 18～20℃，促进生长（图 2－123）。

图 2－122　旺长

图 2－123　控长过度

5. 点花

茄子采用的授粉方法是点花（图 2－124、图 2－125）。

点花操作：选用茄子专用坐果药，点花药一般配加红色或白色中性颜料以作区分。

操作方法：

①选择晴天上午 7:00～12:00 时雌花正值开放时进行。

图 2－124　点花

图 2－125　点花工具

②用毛笔沾药，在花柄部位抹一笔即可，涂抹长度约 1cm 左右。

③点花时，毛笔不可以蘸药过多，避免药液流到茎秆及叶片上而造成药害。

（六）结果期管理

1. 温度控制

坐果期间白天温度 26～30℃，夜间 14～16℃。

2. 浇水施肥

茄子浇水追肥在门茄膨大时进行，要根据长势和土壤干湿情况决定浇水的时机提前或延后。浇水追肥要多增施有机肥和生物菌肥（肽素活蛋白 20kg/亩），以改善土壤环境，合理搭配化学肥料（斯沃氮、磷、钾 20：20：20 或 13：7：40 大量元素水溶肥 10kg/亩或 21% 蔬乐丰全速溶水冲肥 25kg），尤其在深冬期间，以养护土壤和生根养根为主，要严格控制化学肥料的用量，避免过量施用高氮和激素类的肥料（图

2－126）。

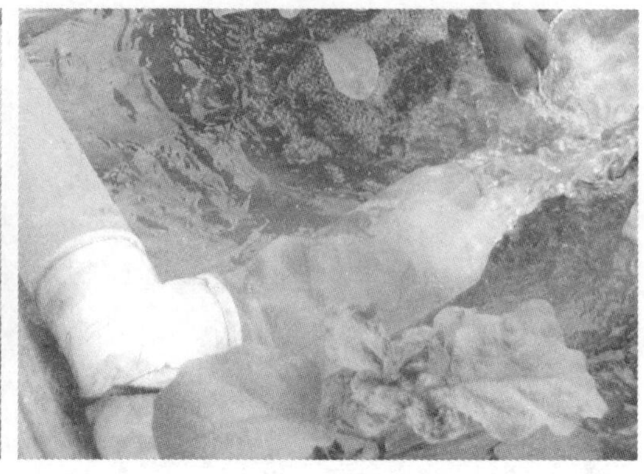

图 2－126　浇水追肥

3. 拾花

茄子有主花和次花两种，次花一定要摘除，保证主花结果，以便养分集中利用，增加单果重。待主花坐果后，有乒乓球大小时，要及时把果实周围的残花摘除（图 2－127），否则，会影响果实着色，棚室湿度大时，容易发生灰霉病。

图 2－127　拾花

4. 合理打叶

病叶、老叶及时打去，增强通风透光（图 2－128）。

七、植保管理

（一）侵染性病害

1. 灰霉病

（1）危害症状

茄子苗期、成株期均可发生灰霉病。幼苗染病，子叶先端枯死。后扩展到幼茎，幼茎缢缩变细，常从病部折断枯死，真叶染病出现半圆至近圆形淡褐色轮纹斑，后期叶片或茎部均可长出灰霉，致病部腐烂。成株染病，叶缘处先形成水浸状大斑，后变褐，形成椭圆或近圆形浅黄色轮纹斑，直径 5～10mm，密布灰色霉层，严重的大斑连片，致整叶干枯。茎秆、叶柄染病也可产生褐色病斑，湿度大时长出灰霉。果实染病，幼果果

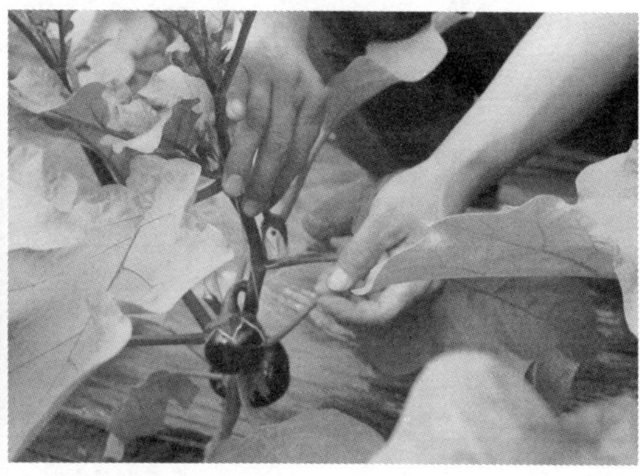

图 2－128　去除底部老叶

蒂周围局部先产生水浸状褐色病斑，扩大后呈暗褐色，凹陷腐烂，表面产生不规则轮状灰色霉状物。低温高湿危害重（图 2－129）。

图 2－129　果实受害状

（2）防治措施

加强通风，降低湿度；

喷施 50% 腐霉利 1 500倍液或 50% 异菌脲 1 000倍液；

喷药后夜间结合烟熏，10% 腐霉利烟剂或 20% 灰核一熏净烟剂，每亩 200g 熏烟。

2. 软腐病

（1）危害症状

茄子软腐病主要为害茎秆及果实。病部初生水渍状斑，后致表皮或果肉腐烂，具恶臭，外果皮变褐（图 2－130）。

发生条件：低温高湿。

（2）防治措施

多增施钙肥，增强抗软腐病能力；

喷施 3% 噻霉酮干悬浮剂 1 500倍或 47% 春雷氧氯铜 600 倍或 20% 叶枯唑 500 倍；

用刀片或竹片在发病处刮下腐烂部位，用 47% 春雷氧氯铜（加瑞农可湿性粉剂）或 30% 琥胶肥酸铜可湿性粉剂原药涂抹。

图 2－130　茎秆受害状

3. 褐色圆星病

（1）危害症状

该病主要危害叶片，叶片病斑圆形或近圆形，直径 1～6mm，病斑初期褐色或红褐色，后期病斑中央褪为灰褐色，边缘仍为褐色或红褐色，最外面常有黄白色圈。湿度大时，病斑上可稍见淡灰色霉层，即病原菌的繁殖体。病害严重时，叶片上布满病斑，病斑汇合连片，叶片易破碎、早落，病斑中部有时破裂（图 2－131）。

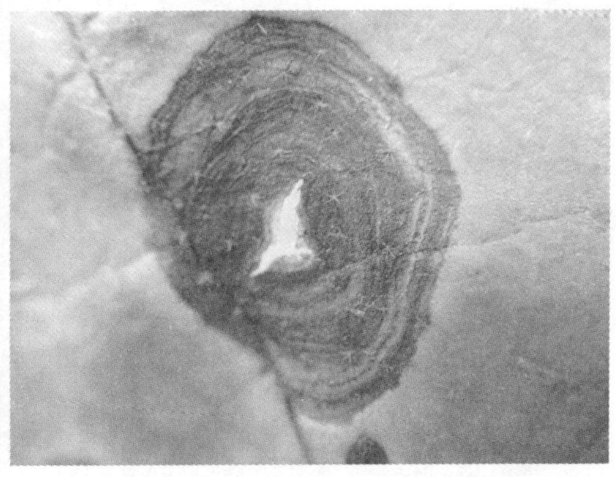

图 2－131　叶片受害症状

（2）防治措施

日常喷施 5.5% 壳聚糖（植物生长复壮剂）300 倍液增强抗病力；

喷施 25% 嘧菌脂悬浮剂 1 000～1 200倍液，或喷施 50% 扑海因（异菌脲）可湿性粉剂 1 000～1 500倍液混加 72% 甲霜灵锰锌 800～1 000倍液。

4. 煤污病

（1）危害症状

叶片上初生灰黑色至炭黑色霉污菌菌落，分布在叶面局部或在叶脉附近，严重的覆满叶面，一般都生在叶面，有时也遍布果实，不少菜农误认为是白粉虱的排泄物（图 2－132）。

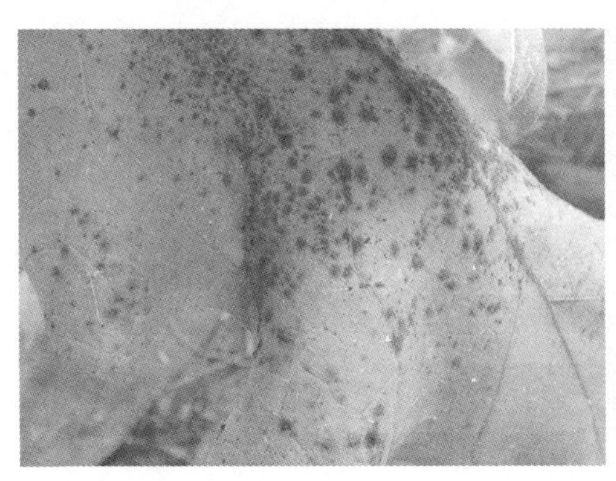
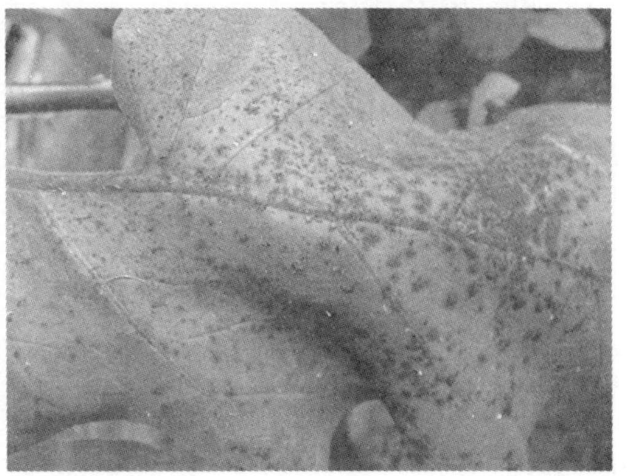

图 2－132　叶片症状

发生条件：湿度大，白粉虱、蚜虫等传播媒介多。

（2）防治措施

及时消灭白粉虱、蚜虫等害虫；

喷施 70% 甲基硫菌灵可湿性粉剂 500～800 倍液，或喷施 65% 甲霉灵锰锌可湿性粉剂 600～800 倍液，或喷施 72% 甲霜百菌清可湿性粉剂 600～800 倍液。

5. 褐纹病

（1）危害症状

幼苗受害，多在茎基部出现近菱形的水渍状斑，后变成黑褐色凹陷斑，环绕茎部扩展，导致幼苗猝倒。稍大的苗则呈立枯病部上密生小黑粒，成株受害，叶片上出现圆形至不规则斑，斑面轮生小黑粒，主茎或分枝受害，出现不规则灰褐色至灰白色病斑，斑面密生小黑粒；严重的茎枝皮层脱落，造成枝条或全株枯死；茄果受害，长形茄果多在中腰部或近顶部开始发病，病斑椭圆型至不规则形大斑，斑中部下陷，边缘隆起，病部明显轮纹，其上也密生小黑粒，病果易落地变软腐，挂留枝上易失水干腐成僵果（图 2－133）。

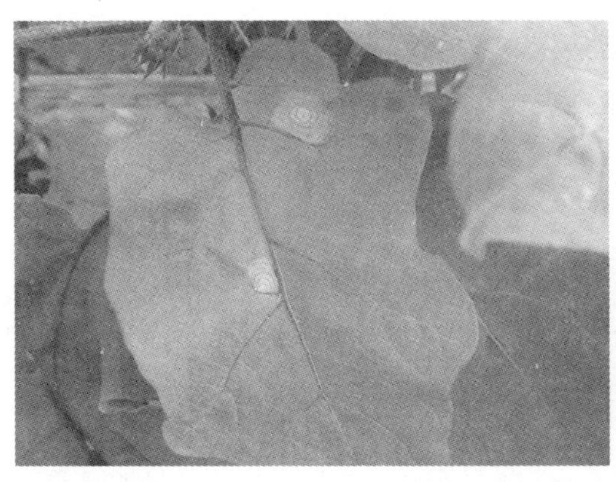
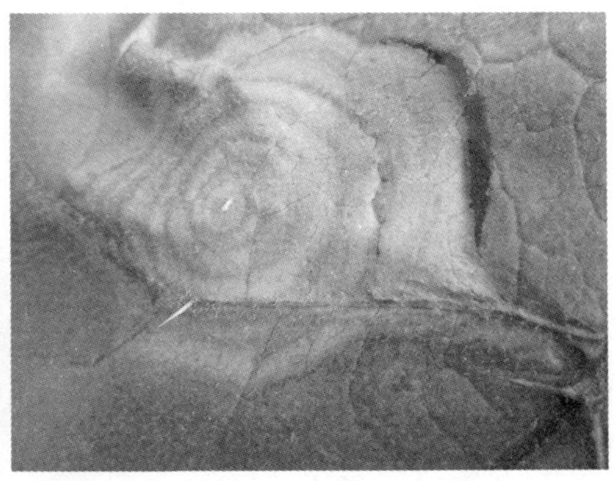

图 2－133　叶片症状

发生条件：湿度大，重茬连作地块发病率高。

（2）防治措施

夏季高温闷棚；

喷施72%甲霜灵锰锌600～800倍液或40%氟硅唑乳油8 000倍液，或喷施70%代森锰锌可湿性粉剂500倍液，或喷施64%杀毒矾可湿性粉剂600倍液。

6. 茄子绵疫病

（1）危害症状

茄子绵疫病俗称“掉蛋”、“水烂”，茎部受害呈水浸状缢缩，有时折断，并长有白霉。花器受侵染后，呈褐色腐烂。果实受害最重，开始出现水浸状圆形斑点，边线不明显，稍凹陷，黄褐色至黑褐色。病部果肉呈黑褐色腐烂状，在高湿条件下病部表面长有白色絮状菌丝，病果易脱落或干瘪收缩成僵果（图2－134）。

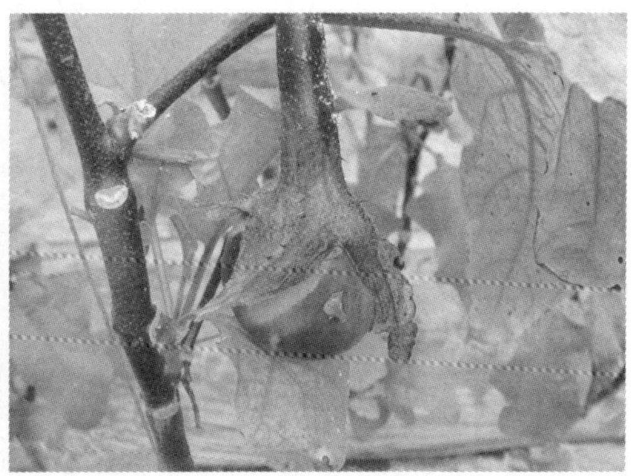

图2－134　果实受害状

（2）发病规律

发育最适温度30℃，空气相对湿度95%以上菌丝体发育良好。在高温范围内，棚室内的湿度是病害发生的重要因素。此外，重茬地、排水不良、密植、通风不良，地面积水、潮湿，均易诱发本病。

（3）防治措施

喷施72%甲霜灵锰锌可湿性粉剂600倍液，或喷施69%烯酰吗啉600倍液，或喷施40%乙膦铝可湿性粉剂500倍液，或喷施70%烯酰霜脲氰水分散粒剂1 000倍液配加25%异菌脲800倍液防治。

7. 叶霉病

（1）危害症状

主要危害茄子的叶和果实。叶片染病初现边缘不明显的褪绿斑点，病斑背面长有橄榄绿绒毛状霉，即病菌分生孢子梗和分生孢子，致病叶早期脱落。果实染病，病部呈黑色，革质，多从果柄蔓延下来，致果实现白色斑块，成熟果实病斑黄色下陷，后渐变黑色，最后成为僵果（图2－135）。

（2）发病规律

分生孢子通过风雨传播，在寄主表面萌发后从伤口或直接侵入，病部又产生分生孢子，借风雨传播进行再侵染。植株栽植过密，株间生长郁闭，田间湿度大或有白粉虱为

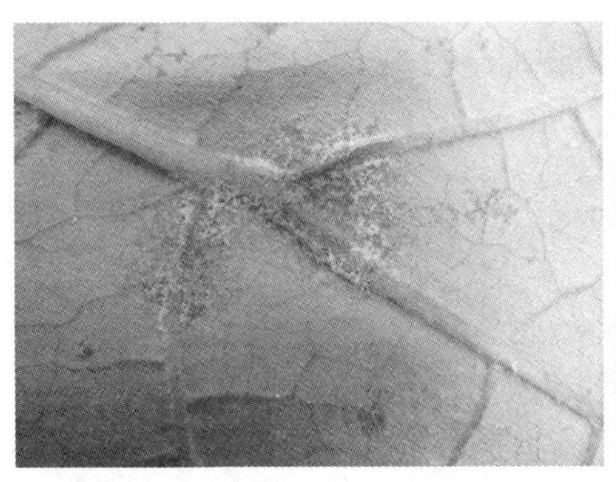

图 2－135　叶片染病症状

害易诱发此病。

（3）防治措施

喷施 30% 苯醚甲环唑 600 倍液，或喷施 40% 苯甲丙环唑 1 000倍液，或喷施 25% 腈菌唑 1 000倍液，或喷施 70% 硫黄甲硫灵可湿性粉剂 800 倍液防治。

8. 斑枯病

（1）发病症状

茄子斑枯病，是一种针对茄子发作的真菌病害。该病害主要为害叶片、叶柄、茎和果实。叶背面初生水渍状小圆斑，后扩展到叶片正面或果实上。叶斑圆形或近圆形，边缘深褐色，中间灰白色，略凹陷，病斑大小 1. 5 ~4. 5mm，严重时斑面上散生许多黑色小粒点（图 2－136）。

图 2－136　叶片受害状

（2）发病规律

病菌随着气流传播或被棚膜滴水反溅到茄子植株上，后从气孔侵入，在病部扩大为害。病菌发育适温 22 ~26℃，12℃以下、28℃以上发育不良。高湿利于发病，适宜相对湿度 92% ~94%，若湿度达不到则不发病。

（3）防治措施

加大通风，降低湿度；

75%丙森锌霜脲氰可湿性粉剂800倍液，或72%甲霜灵锰锌可湿性粉剂粉剂600倍液，或69%烯酰吗啉600倍液，或40%乙膦铝可湿性粉剂500倍液喷施。

9. 菌核病

（1）发病症状

成株期各部位均可发病，先从主茎基部或侧枝5～20cm处开始，初呈淡褐色水渍状病斑，稍凹陷，渐变灰白色，湿度大时也长出白色絮状菌丝，皮层霉烂，致植株枯死；叶片受害也先呈水浸状，后变为褐色圆斑，有时具轮纹，病部长出白色菌丝，干燥后病斑易破；果柄受害致果实脱落；果实受害端部或向阳面初现水渍状斑，后变褐腐，稍凹陷，斑面长出白色菌丝体，后形成菌核（图2－137）。

图2－137 成株受害状

（2）发病规律

病菌喜温暖潮湿的环境，发病最适宜的条件为温度20～25℃，相对湿度85%以上。种植过密、棚内通风透光差及多年连作等的田块发病重。

（3）防治措施

喷施50%腐霉利1 500倍液，或喷施50%异菌脲1 000倍液，或喷施10%多氧霉素可湿性粉剂500倍液，或喷施25%啶菌恶唑乳油1 500倍液。

10. 叶枯病

（1）发病症状

该病为细菌性病害。主要危害植株中下部叶片。发病初期先在叶面出现淡黄色近圆形斑点，后扩展成不规则形或近圆形大小不等的病斑，叶片失绿变黄，叶背面出现黄褐色不规则斑块，病情严重时，叶上病斑连成大片或病斑满布，叶片干枯或脱落（图2－138）。

（2）发病规律

此病多在温暖潮湿的情况下发生，温室中多见于春秋季节，冬季发病较少。病菌初侵染后可进行多次重复侵染，致病害不断加重。发病适温24～28℃，相对湿度高于85%易流行。

图 2－138　叶片发病症状

（3）防治措施

底肥注意增施钙肥，结果期经常喷施 20% 糖醇钙 1 500倍液；

喷施 3% 噻霉酮可湿性粉剂 1 500倍液，或喷施 20% 叶枯唑可湿性粉剂 600 倍液，或喷施 47% 加瑞农（春雷氧氯铜）可湿性粉剂 500～800 倍液。

11. 茎枯病

（1）发病症状

该病主要危害茎和果实，有时可危害叶和叶柄，且多在断枝、裂果上发生，造成枝、果实褐色干腐。天气潮湿时，病部组织上长出致密的黑色霉层。茎部染病，病斑初呈椭圆形，褐色凹陷溃疡状，后沿茎扩展到整株，严重的病部变为深褐色干腐状并可侵入到维管束中。叶片及叶柄染病，叶脉两侧的叶组织或叶面布满不规则褐斑，病斑继续扩展，致叶缘卷曲，最后叶片干枯或整株枯死（图 2－139）。

图 2－139　茎发病症状

（2）发病规律

病菌随病残体在土壤中越冬，第二年产生分生孢子借气流传播蔓延。孢子从伤口侵入，一般多露高湿时易发病。因其多发生在裂果、断枝上，不易引起人们的注意，等到病害发展后期，引起大量落果和病枝时，已严重影响了产量和品质。

(3) 防治措施

在果实采摘后，及时疏除底部老叶片后，喷施75%百菌清600倍液预防病害；

发病初期，喷施72%甲霜灵锰锌可湿性粉剂600倍液，或喷施69%烯酰吗啉600倍液，或喷施40%乙膦铝可湿性粉剂600倍液，配加25%异菌脲1 500倍液；

用72%甲霜灵锰锌可湿性粉剂配加50%腐霉利可湿性粉剂粉剂涂抹病患处。

12. 病毒病

(1) 危害症状

图2－140　危害症状

病株顶部叶片明显变小、皱缩不展，色呈淡绿，有的呈斑驳花叶。老叶则色呈暗绿，叶面皱缩呈泡状突起，较正常叶细小，粗厚。有时病叶出现紫褐色坏死斑。病株结果性能差，多成畸形果。花瓣出现深紫色斑点（图2－140）。

发生条件：高温、干旱。

(2) 防治措施

培育壮棵，提高抗病毒能力；

叶面喷施20%盐酸吗啉胍乙酸铜（病毒A）1 500倍或8%宁南霉素（菌克毒克）500倍；

叶面补充铁、锌、钙元素。

(二) 非侵染性病害

1. 茄子畸形果

(1) 发病症状

畸形果称为僵果、石果，单性结实的畸形果，果实个小，果皮发白，有的表面隆起，果肉发硬，失去商品价值（图2－141）。

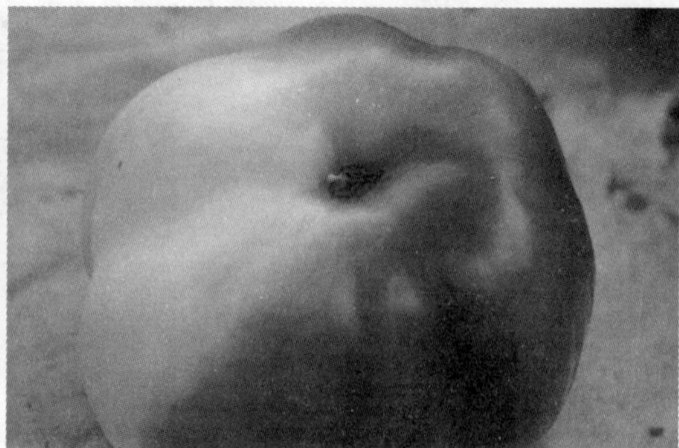

图2－141　畸形果

（2）发病原因

茄子畸形果形成的主要原因是开花前后遇低温、高温或连阴雨雪天气，光照不足，造成花粉发育不良，影响授粉和受精。另外，花芽分化期，温度过低，肥料过多，浇水过量，使生长点营养过多，花芽营养过剩，细胞分裂过于旺盛，会造成多心皮的畸形果，即双身茄。

（3）防治措施

冬季加强保温，合理控制温度；

遇连阴天坚持揭盖草帘，用散射光维持光合作用；

合理供应水肥，调整好营养生长和生殖生长之间的关系；

喷施99%禾丰硼1 500倍液＋促进花芽分化的叶面肥99%细胞分裂素（果神三号）8 000～10 000倍液＋0.136%碧护15 000倍液。

2. 裂茄

（1）发病症状

裂茄现象是一种生理性病害，主要是茄子表皮和果肉的生长速度不一致造成的（图2－142）。导致生长不一致的原因主要有：一是坐果期间喷施过含唑类控长药剂，导致果皮生长速度变慢；二是供水不均匀，忽干忽湿，使果肉快速生长，把表皮撑破；三是点花药浓度过高，使果皮生长缓慢；四是缺钙。

（2）防治措施

合理调节植株长势，喷施安全高效的生长调节剂，如光合菌素。做到供水均匀，不要大水漫灌，合理调整点花药剂的浓度。喷施16%优果钙1 500倍液配加0.004%芸薹素内酯1 500倍液。

图2－142　裂茄

3. 茄子生长点发黄

（1）发病症状

从植株上部叶片的叶脉间开始变黄，后逐渐发展，尤其生长点新生叶片严重失绿黄化，棚室中有时是零星发生，有时是成片的规模发生（图2－143）。

图 2-143　茄子生长点发黄

（2）发病原因

低温障碍。棚室内温度低，尤其是地温过低导致根系活动能力减弱，对微量元素的吸收出现障碍，尤其是铁元素的吸收；

肥料拮抗。不科学的偏施肥料，导致土壤中某种或某几种元素严重超标，与其他微量元素产生拮抗作用而出现缺素；

不合理浇水伤根。在低温时期浇水量过大或浇水后遇到连阴天气导致毛细根坏死，出现吸收障碍。

（3）防治措施

低温时加强保温，尽量避免低温时浇水量过大；

平衡施肥、合理施肥，做到有机无机肥料相结合，大量中微量元素相结合；

叶面喷施98%禾丰铁1 500倍液+4%海绿素1 500倍液+52%优果氮1 000倍液。

4. 茄子紫花

（1）发病症状

图 2-144　茄子紫花

茄子出现花畸形，有紫色斑点，果实表面略有凸凹，果皮色暗，近表皮处果肉有坏死点。茄子花瓣上出现紫色斑点，同时，结出的果实出现僵果现象或者是果实内部出现褐变能造成果实腐烂。叶片上出现铜钱大小的环状褐色病斑（图2-144）。

（2）发病规律

植株吸收性障碍缺钾、钙、镁等元素的不良表现。土壤中积累了大量的铵态氮（铵化细菌活动），硝态氮大大减少。铵态氮是金属离子，它的过量积累，抑制了钾、钙、镁、硼的吸收。由此，茄子植株严重缺少上述元素，从而致病。

另一种说法是因为病毒引起。茄子紫花病同时危害果实、叶片、花朵，而且在病斑处不会出现腐烂、霉层等真菌、细菌病症，所以认为茄子紫花病属于一种病毒病。

（3）防治措施

预防措施：及时喷施优果系列叶面肥，并及时防控病毒病。

治疗措施：发病初期喷施1%毒克25ml稀释15kg，或8%菌克毒克500倍液，可配加优果高钾型、优果钙、优果镁等系列叶面肥料，连续喷施2～3次，尽量做到一周喷施两次。

（三）虫害

1. 蓟马

（1）为害症状

蓟马主要在花内或幼嫩处为害，它是锯齿形口器，为害处毛糙，多成锈色，无光泽，果实失去商品价值（图2－145）。

图2－145　为害果实症状

（2）防治措施

使用腐熟粪肥，减少虫卵侵入；

喷施2.5%多杀菌素悬浮剂2 000倍液，或用5%氟虫腈胶悬剂3 000倍液，或用26%氯氰啶虫脒水分散粒剂1 000倍液；

防治蓟马时应在傍晚前用药，不仅要喷施作物，连作物周边的地面也应喷洒药液。

2. 螨虫（红蜘蛛）

（1）为害症状

茄子被为害后，原有的颜色消失，逐渐变为深黄褐色。尤其在果实的端部更为明显。如果严重为害，果实表面变硬，随着茄子生长，果实龟裂，不能食用。茄子植株受害后，上部叶片僵直，叶缘向下卷曲。叶背呈褐色，具油渍状光泽。如果新芽全部受害，生育也显著衰退（图2－146）。

图 2－146　为害症状

（2）防治措施

喷施73%克螨特乳油2 500倍液，或喷施15%速螨酮乳油3 000倍液，或喷施5%阿维哒螨灵乳油1 500倍液或1.8%阿螺螨800倍液。

【小资料】

趣话茄子

茄子是一种价廉物美的蔬菜。在江浙一带，人们管它叫“落苏”。可是，茄子为什么叫“落苏”呢？据说这和战国时期吴王阖闾有关。吴王阖闾有个瘸腿的儿子，但他十分钟爱。跛足，世俗呼作瘸子，而在当地方言中，瘸子与茄子几乎同音。吴王对他管教甚严，让他终日闭门攻读，不许出门半步。有一天，吴王带了几个随从，去郊外打猎。有个家丁讨好公子，对公子说：“公子，今天天气晴好，大王又已出去打猎，何不去虎丘一游。”公子一听正中下怀，便和家丁骑马出了城。一路上，听得有人大叫“卖茄子噢！卖茄子！”公子误会，听作“卖瘸子！”这不是侮辱他这个瘸子吗？他很生气，要赶去抽打那个叫“卖瘸子”的人。家丁连忙劝阻。并对那卖茄子的人说：“你不要叫卖茄子啦！我家公子生气了。”那卖茄子的人听了莫名其妙，吴王的公子为什么不准我卖茄子呢？既然公子吩咐，为了避免麻烦，不叫卖就是了。过了一会儿，他见主仆二人已经远去，又放开喉咙高喊：“卖茄子噢！卖茄子！”公子远远隐约听见，气得脸色铁青，调转马头要赶回去找那个人。家丁苦苦劝阻：“公子，还是走吧！若回家晚了，让大王知道，岂不坏事。”公子觉得不无道理，就气呼呼地快马加鞭直奔虎丘而去。他也无心游要，早早地就回去了。待阖闾打猎满载而归，儿子便向父亲哭诉：“父王，今天儿臣在书房攻读，听得外面有人叫卖瘸子，分明是在侮辱我，请父王拿他治罪。”吴王听罢大笑，说：“这是人家叫卖茄子，不是卖‘瘸子’呀。茄子是一种蔬菜，怎么能让人家不卖呢？”儿子说：“儿臣是个瘸子，听到叫卖茄子，怪刺耳的，让人嘲笑。”吴王一向对儿子宠爱有加，所以才从严管教。听了儿子的话，觉得十分为难，总得想个办法，以解儿子心头之结。那天晚上吴王去书房睡觉，发觉妃子的帽上有两个流苏，很像要落下来的茄子。他不禁心中一动：“落下来的流苏，落苏！对，就把‘茄子’改叫

‘落苏’吧!”于是，他让手下发布告示，告之天下百姓：今后一律将“茄子”叫做“落苏”，江南百姓很能体谅吴王的苦衷，大家跟着一起称茄子为“落苏”，这个名称便迅速流传开来，一直到现在。

第三节　辣　椒

辣椒属于茄科，辣椒属，属于喜温性蔬菜，又称为番椒、海椒、胡地椒、辣子、辣角、秦椒、大椒、辣虎、牛角椒、红海椒等。原产于中美洲和南美洲热带地区。15 世纪末，哥伦布发现美洲之后把辣椒带回欧洲，并由此传播到世界其他地方，于明代传入中国。我国最早记载辣椒的书籍，得首推明万历初高濂的《遵生八盏·燕闲清赏笺·卷下·草花谱》。书中说：“番椒丛生白花，子俨似秃笔状，味辣，色红，甚可观，子可种。”辣椒成为一种大众化蔬菜，可生食、炒食、干制、腌制和酱渍，中国各地普遍栽培，尤其是湖南、四川等省，素有辣不怕、怕不辣。辣椒属为一年或多年生草本植物，果实通常呈圆锥形或长圆形，未成熟时呈绿色，成熟后变成鲜红色、黄色或紫色，以红色最为常见。辣椒的果实因果皮含有辣椒素而有辣味，能增进食欲。维生素 C 的含量在蔬菜中居第一位，含有丰富的 β、胡萝卜素、叶酸、镁及钾；辣椒中的辣椒素还具有抗炎及抗氧化作用，抑制胃酸的分泌，刺激碱性黏液的分泌，有助于预防和治疗胃溃疡，有助于降低心脏病、某些肿瘤及其他一些随年龄增长而出现的慢性病的风险。辣椒有刺激性，若有疮疖、牙痛、痔疮或眼部疾病，不宜食用。

一、生物学特性

（一）植物学特性

1. 根

辣椒属浅根性植物，根系发育较弱，木栓化程度较高，再生能力差，根量少，茎基部不易发生不定根，所以，辣椒怕旱怕涝不耐瘠薄，对氧气要求严格（图 2－147）。

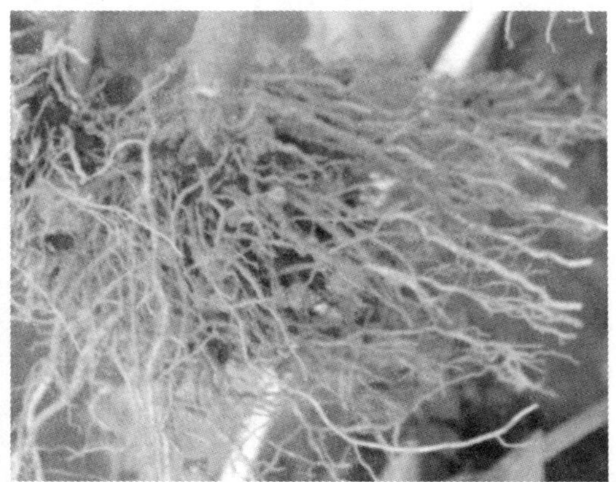

图 2－147　辣椒根系

2. 茎

茎近无毛或微生柔毛，分枝梢之字形折曲，主茎较矮，有6~30节不等，多数品种主茎上分枝能力较弱，部分品种可以分枝并结果。主茎之上一般分枝2~3个，个别多者可达8个。枝上每节可形成两个分叉，但具有4~6个主枝后一般具有较强的顶端优势（图2-148）。

图2-148　辣椒的茎

3. 叶

叶互生，枝顶端节不伸长而成双生或簇生状，矩圆状卵形、卵形或卵状披针形，其大小和形状与果实的大小和形状有一定的相关性（图2-149）。

图2-149　辣椒的叶

4. 花

花单生，俯垂；花萼杯状，不显著5齿；花冠白色，自花授粉，自然异交率10%左右，为常异花授粉作物。可单性结实，但一般发育不良（图2-150）。

5. 果实

浆果，由果皮和胎座组成。细长形果多为两室，圆形或灯笼形果多为3~4室。无限分枝类型的品种多为单生花，果实多向下生长；有限分枝类型的品种多为簇生花，果实多朝上生长。果实形状有圆锥形、短锥形、牛角形、长形、圆柱形、棱柱形、细长

图 2－150　辣椒的花

形、圆形、灯笼形等（图 2－151）。

图 2－151　辣椒的果实

（二）生长发育过程及其特性

1. 辣椒的生长发育过程

辣椒的生长发育过程有一定的阶段性和周期性，大致可分为发芽期、幼苗期、开花坐果期和结果期 4 个阶段。

①发芽期：从种子萌发——第一真叶出现。15～20天，异养阶段。

②幼苗期：第一片真叶出现—— 现蕾（开花前）。60～90天，营养生长为主。

③开花坐果期：定植——第一穗果坐住。由营养生长为主向生殖生长过渡。

④结果期：第一穗果坐住——拉秧。时间长短受栽培季节和栽培方式影响，管理的关键是平衡秧果关系。

2. 长势判断

①观叶片知长势：坐果后，辣椒心叶有适量的鲜嫩部分，为生长正常；而节间短、花位高、叶片小、新叶无嫩心为生长衰弱，应当及时补肥。新叶过圆为氮肥过量，不易坐果，应当调高钾肥比例。

②视长势定坐果：辣椒坐果前长势强的，可以留对椒甚至门椒，但要注意长势减弱后是否及时摘除；坐果前长势弱的，不留门椒甚至对椒，先促进营养生长。

③无籽果早疏除：正确辨认授粉不良的无籽果实并疏除，以确保精品果率。

④叶片调节熟期：早去除下部叶片，对根有抑制作用，可以促进果实早熟。在罢园前及需要抓紧上市时可以使用。如果保留果实周围大量叶片，果实的滞采期可延长30～50天。

辣椒各个生育期正常长势见图2－152至图2－157。

图2－152 育苗期正常长势

图2－153 缓苗后正常长势

图2－154 生长前期正常长势

图2－155 结果期正常长势

图 2-156　结果期正常长势

图 2-157　生长后期正常长势

（三）对环境条件要求

环境条件涉及温、光、水、气、肥、土等着因素，在很多情况下，它们是不可能全部同时处于最合适的状态，栽培技术就是要处理和平衡这种矛盾，使其综合起来处于合理状态。辣椒喜温暖，但不耐高温和低温；喜中光，耐弱光怕强光；根系不发达，怕旱怕涝，空气湿度过大过小都易落花落果。辣椒各个生育期要求适宜温度和土壤湿度，见表 2-6。

表 2-6　辣椒各个生育期要求适宜温度和土壤湿度表

时期	白天温度（℃）	夜间温度（℃）	土壤湿度（%）
播种至出土	28~32	18~22	85
出土至分苗	25~28	15~18	70
分苗至定植	25~27	13~15	60
定植至缓苗	28~30	18~20	85
缓苗至开花	26~28	13~15	55
结果前期	28~30	15~17	80
盛果期	28~30	14~16	60~80
生长后期	26~28	15~17	55~60

二、茬口安排

目前，温室栽培的主要茬口有越冬一大茬栽培、秋延迟栽培和早春茬栽培。越冬一大茬栽培的定植时间一般在 8 月底至 9 月上旬，秋延迟栽培的定植时间一般在 7 月底至 8 月初，早春茬栽培的定植时间一般在 1 月上旬前后。

三、品种选用

（一）辣椒分类

根据收获产品分为：菜椒品种和椒干品种。

根据辛辣程度分为：辣椒和甜椒。

根据分枝习性分为：无限生长类型、有限生长类型和部分有限生长类型。

根据果实形状分为：灯笼形、圆锥形、长果形、扁果形、樱桃形等。

根据果实颜色分为：青椒和彩椒。

（二）品种选择

近年来温室种植较为普遍的是牛角椒和圆椒品种。选用的品种要具有以下特性：①耐低温、耐弱光、耐湿、抗病；②大果型、耐贮运的品种；③株型紧凑、适合密植；④结果期长、产量要高。

1. 牛角椒品种

（1）37～74

产地：荷兰瑞克斯旺，无限生长，果实羊角形，淡绿色（俗称黄皮椒），耐寒性好，连续坐果性强。在正常温度下，长度可达20～25cm，直径4cm左右，外表光亮，商品性好。单果重80～120g，辣味浓，口感好。

（2）长剑

日本引入优良杂交一代，早熟，粗长大羊角型，果实浅黄绿色，前期坐果集中，后期不早衰，连续坐果能力强，果长28～36cm，粗5～6.5cm，最长可达40cm以上，单果重100～150g，最大单果可达200g以上，辣味适中，抗病性强，商品性极佳，产量极高，适合春秋露地，拱棚和温室种植。

（3）龙禧一号

植株长势旺盛，株型紧凑，节间短，膨果速度快，极早熟，低温、弱光下坐果集中，连续坐果能力强，果皮浅黄绿色有光泽，果型顺直美观，果肉厚，果皮薄，果长24～30cm，果肩宽5 cm左右，单果重100g左右，抗病，高产，是北方越冬温室种植的优良品种。

2. 圆椒品种

（1）曼迪

植株生长势中等，节间短，适合秋冬、早春日光温室种植。坐果率高，果实灯笼形，果肉厚，长8～10cm，直径9～10cm，单果重200～260g。外表亮度好，成熟后转红色，色泽鲜艳，商品性好。可以绿果采收，也可以红果采收，耐储运、耐运输，货架寿命长，抗烟草花叶病毒病。

（2）萨菲罗

植株开展度中等，生长力中等，节间短。适合秋冬、早春日光温室种植也适用于露地种植，即使是在寒冷的气候条件下也有良好的坐果性能。果实大，长方形，果肉厚，在正常温度下，果实长度可达12～14cm，直径8～10cm，外表光亮，成熟时颜色鲜红，商品性好，可在绿果期采收，也可在红果期采收。单果重200～250g，最大单果重可达500g以上，味道鲜美。日光温室每平方米产量达25kg以上，抗烟草花叶病毒病。

四、育苗

参照番茄育苗。

五、土壤管理

(一) 正常土壤施肥方案

根据配方施肥的原则，辣椒的底肥用量见表 2－7。将以下肥料均匀撒施后深翻或旋耕（图 2－158、图 2－159）。

表 2－7　辣椒的底肥用量表

用肥种类	腐熟过的粪肥	芽孢蛋白有机肥	复合肥	海洋生物活性钙	精品全微肥
亩用量	15～20m^3	200～300kg	100～150kg	50～75kg	20～30kg
效果特点	长效补充有机质	快速补充有机质、蛋白质	补充氮磷钾大量元素	补充钙镁硫中量元素	补充微量元素
注意事项	必须腐熟	撒施或包沟	选择平衡型	必须施用	必须施用

图 2－158　撒施肥料

图 2－159　旋耕

(二) 土壤改良

土壤改良参见第一章第二节。

六、田间农艺管理

(一) 栽培模式

起垄栽培，如图 2－160、图 2－161。

(二) 株行距确定

起垄，大小行栽培（图 2－160、图 2－161）。辣椒种植行距一般是大行 80cm，小行 60cm。

一般亩栽植 2 500～2 700株，株距 35～45cm。

(三) 定植

①确定好株行距后，在畦面或垄上开定植穴，为快速缓苗，促进根系生长，可在定植穴内撒施肽素活蛋白有机肥料（图 2－162），一亩地撒施 15～20kg，撒施后与土拌

图 2－160　起垄栽培

图 2－161　起好的垄

匀，准备定植（图 2－163）。

图 2－162　定植穴内撒施有机肥料

②定植前用96%恶霉灵1 000倍液配加0.136%芸薹·吲乙·赤霉酸（碧护）15 000倍液蘸根消毒。选择壮苗，在晴天上午定植（图 2－163）。

图 2－163　定植

③定植完毕后浇大水，每亩地随水冲施 EM 菌剂沃地菌丰 10L，补充有益菌。

（四）定植后管理

1. 合理控温

定植后缓苗前白天温度 28～32℃，夜间 18～20℃。缓苗后白天 27～30℃，夜间 15～17℃。

2. 覆盖地膜

选择白色或蓝色的透明地膜（图 2－164）。

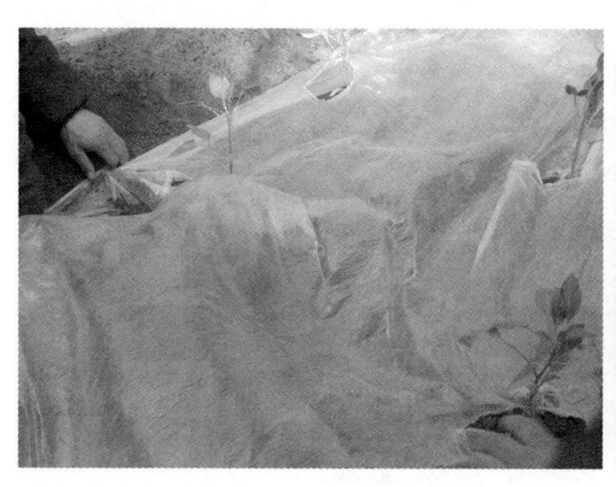

图 2－164　辣椒覆盖白色地膜

3. 及时防疫

为防止病害发生，间隔 10～15 天喷施 75% 百菌清 600～800 倍液 2～3 次。浇第二水时每亩地冲施“壳聚糖”（植物生长复壮剂）10L。“壳聚糖”被誉为植物健康疫苗，可促使根系生长，修复栽培过程中受伤的根系组织，提高作物的抗逆能力。

4. 定植后立枯病的防治

辣椒定植后出现立枯病而死苗的现象是连作地块较为普遍的现象（图 2－165）。为了提早预防，在浇完缓苗水以后，用 56% 甲硫恶霉灵 1 500倍液配加 72% 甲霜灵锰锌 600～800 倍液及时灌根预防。

图 2－165　辣椒定植后出现立枯病

（五）开花期管理

①温度控制：开花期间白天温度25～28℃，夜间13～15℃。

②开花前叶面喷施99%禾丰硼1 500倍液配加99%细胞分裂素15 000倍，促进花芽分化，提高坐果率。

③开花时叶面喷施3.5%果神五号坐果剂300倍液，提高坐果率。

④吊蔓：辣椒植株在长到60～80cm高时进行吊蔓，辣椒一般留4～5根主枝，圆椒一般留3～4根主枝，每一根主枝都要分别用细绳吊起（图2－166）。

图2－166 吊蔓后的辣椒

（六）结果期管理

1. 温度控制

坐果期间白天温度25～28℃，夜间13～15℃。

2. 整枝

牛角椒一般留4～5根主枝（图2－167），圆椒留3～4根主枝结果（图2－168），多余侧枝应摘除。等下部果实采摘后底部的侧枝和老叶片也一并摘除，以增加通风透光和减少营养消耗。

图2－167 牛角椒主枝整枝

图2－168 圆椒主枝整枝

3. 浇水施肥

温室辣椒栽培的浇水追肥要注重有机肥和生物菌肥，正常生长情况下，亩冲施含有有益菌的有机肥料肽素活蛋白 20kg/亩，合理搭配化学肥料（斯沃氮、磷、钾 20：20：20 或 13：7：40 大量元素水溶肥 10kg/亩），尤其在深冬低温期间，要以养护土壤和生根养根为主，并严格控制化学肥料的用量，避免施用过量高氮和激素类的肥料伤根而导致减产（图 2－169）。

图 2－169　浇水追肥

七、植保管理

（一）侵染性病害

1. 疫病

（1）危害症状

染病幼苗茎基部呈水浸状软腐，致上部倒伏，多呈暗绿色，最后猝倒或立枯状死亡；定植后叶部染病产生暗绿色病斑，叶片软腐脱落；茎染病亦产生暗绿色病斑，引起软腐或茎枝倒折，湿度大时病部可见白霉；花蕾被害迅速变褐脱落；果实发病，多从蒂部或果缝处开始，初为暗绿色水渍状不规则形病斑，很快扩展至整个果实，呈灰绿色，果肉软腐，病果失水干缩挂在枝上呈暗褐色僵果。辣椒疫病对产量、品质影响极大，严重时减产 50% 以上，甚至造成毁灭性的危害（图 2－170）。

（2）发生条件

高温高湿。

（3）防治措施

全棚覆盖地膜，实行膜下浇水；

加大通风，降温排湿；

发现病叶病果及时摘除深埋；

全株喷施 50% 甲霜铜可湿性粉剂 600 倍液，或喷施 72% 甲霜恶霉灵可湿性粉剂 600 倍液，或喷施 40% 乙膦铝可湿性粉剂 400 倍液，或喷施 70% 烯酰霜脲氰水分散粒剂 800～1 000倍液，或喷施 60% 唑醚代森联 800 倍液，重点喷淋茎基部。

图 2－170　植株受害状

2. 灰霉病

（1）危害症状

苗期危害叶、茎、顶芽，发病初子叶先端变黄，后扩展到幼茎，缢缩变细，常自病部折倒而死。成株期危害叶、花、果实。叶片受害多从叶尖开始，初成淡黄褐色病斑，逐渐向上扩展成“V”形病斑。茎部发病产生水渍状病斑，病部以上枯死。花器受害，花瓣萎蔫。果实被害，多从幼果与花瓣粘连处开始，呈水渍状病斑，扩展后引起全果褐斑。病健交界明显，病部有灰褐色霉层（图 2－171）。

图 2－171　植株染病状

（2）发生条件

低温高湿。

（3）防治措施

及时摘除病叶病果；

浇水后加大通风排湿；

喷施 50% 腐霉利可湿性粉剂 1 500倍液，或喷施 25. 5% 异菌脲悬浮剂 1 000倍液，或喷施 25% 腐霉・福美双可湿性粉剂 600 倍液，或喷施 10% 多氧霉素可湿性粉剂 500 倍液，或喷施 25% 啶菌恶唑乳油 1 500倍液；

10% 腐霉利烟剂或 20% 灰核一熏净烟剂每亩地 200～250g 进行烟熏，烟熏时间为

6～8小时。

3. 褐斑病

（1）发病症状

辣椒褐斑病又叫斑点病。该病主要在叶部发生，病势扩大还会侵染叶柄和果梗。在叶片上，最初生出小白点，后逐渐形成周缘有黄褐色晕圈，边缘暗褐色的圆形或椭圆形的病斑。通常病斑从下部叶片发生，而且大量落叶。叶柄、果梗处的病斑为暗褐色，呈不规则形（图2－172）。

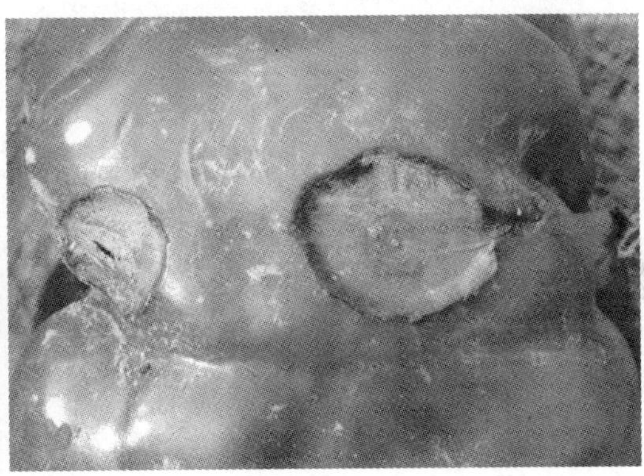

图2－172　褐斑症状

（2）发病规律

褐斑病菌以菌丝体和分生孢子在种子或病残体上越冬。分生孢子通过风、雨传播。发病的适宜温度为20～25℃，在高湿的条件下发病迅速。而且，在育苗期间易发生本病，苗床内会呈多发状态。

（3）防治措施

加大通风，降温排湿；

喷施50%甲霜铜可湿性粉剂600倍液，或喷施70%甲基硫菌灵600倍液，或喷施30%苯醚甲环唑可湿性粉剂800～1 000倍液。

4. 斑枯病

（1）发病症状

辣椒斑枯病主要为害叶片，在叶片上呈现白色至浅灰黄色圆形或近圆形斑点，边缘明显，病斑中央具许多小黑点，即病原菌的分生孢子器。病斑直径2～4mm（图2－173）。

（2）发病规律

病菌借气流传播或被滴水反溅到辣椒植株上，从气孔侵入，后在病部产生分生孢子器及分生孢子，扩大危害。病菌发育适温22～26℃。12℃以下28℃以上不易发病。适宜相对湿度92%～94%，若湿度达不到则不发病。

（3）防治措施

喷施50%甲霜铜可湿性粉剂600倍液，或喷施72%甲霜恶霉灵600倍液，或喷施40%乙膦铝可湿性粉剂400倍液，配加10%苯醚甲环唑600倍液防治。

图 2－173　叶片症状

5. 菌核病

（1）危害症状

苗期发病在茎基部呈水渍状病斑，以后病斑变浅褐色，环绕茎一周，湿度大时病部易腐烂，无臭味，干燥条件下病部呈灰白色，病苗立枯而死。成株期发病，主要发生在主茎或侧枝的分权处，病斑环绕分权处，表皮呈灰白色，从发病分权处向上的叶片青萎，剥开分权处，内部往往有鼠粪状的小菌核。果实染病，往往从脐部开始呈水渍状湿腐，逐步向果蒂扩展至整果腐烂，湿度大时果表长出白色菌丝团（图 2－174）。

图 2－174　受害植株

（2）发生条件

低温高湿。

（3）防治措施

参照灰霉病防治措施。

6. 软腐病

（1）危害症状

病果初生水浸状暗绿色斑，后变褐软腐，具恶臭味，内部果肉腐烂，果皮变白，整个果实失水后干缩，挂在枝蔓上，稍遇外力即脱落。枝干发病，从枝干分权处黑褐色腐烂，湿度大时有臭味（图 2－175）。

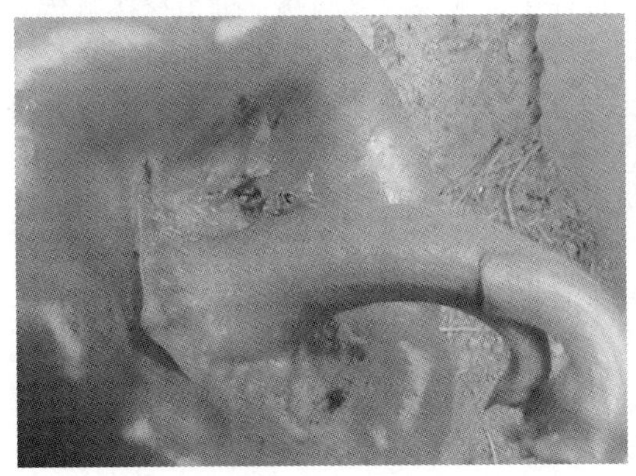

图 2－175　果实和枝干危害症状

（2）发生条件

低温高湿。

（3）防治措施

全棚覆盖地膜，加大通风，降低湿度；喷施 3% 噻霉酮可湿性粉剂 1 500倍液配加 70% 琥珀酸铜可湿性粉剂 1 000倍液或 47% 加瑞农（春雷氧氯铜）可湿性粉剂 500 ~ 800 倍液，或用 6% 春雷霉素可湿性粉剂 1 500倍液；茎秆处发病，用刀片或竹签将腐烂处刮下，用 70% 琥珀酸铜可湿性粉剂或 47% 加瑞农（春雷氧氯铜）可湿性粉剂原药粉涂抹。

7. 病毒病

（1）危害症状

最常见的有两种类型，其一为斑驳花叶型，所占比例较大，这一类型的植株矮化，叶片呈黄绿相间的斑驳花叶，叶脉上有时有褐色坏死斑点，主茎和枝条上有褐色坏死条斑。植株顶叶小，中、下部叶片易脱落。其二为黄化枯斑型，所占比例较小，植株矮化，叶片褪绿，呈黄绿色、白绿色甚至白化（图 2－176）。

图 2－176　植株染病状

（2）发病规律

病毒通过汁液接触传染，田间农事操作过程中，人、农具与病、健植株接触传染是引起该病流行的重要因素。种子及土壤中带毒寄主的病残体可成为该病的初侵染源。辣椒病毒病的发生与环境条件关系密切。特别是遇高温干旱天气，不仅可促进蚜虫、白粉虱等害虫传毒，还会降低辣椒的抗病能力。田间农事操作粗放，病株、健株混合管理，烟草花叶病毒危害严重。阳光强烈，高温干旱，植株缺铁、锌元素，病毒病发生严重。

（3）防治措施

参照番茄病毒病。

（二）非侵染性病害

1. 落花落果

（1）危害症状

前期有的先是花蕾脱落，有的是落花，有的是果梗与花蕾连接处变成铁锈色后落蕾或落花，有的果梗变黄后逐个脱落；有的在生长中后期落叶，使生产遭受严重损失（图2－177）。

图2－177　植株受害状

（2）发生原因

温度不合理，温度过高或过低，影响花芽分化；

土壤干旱，影响花芽正常分化。很多菜农误认为辣椒在没坐住果之前不能浇水，导致花期土壤干旱而不坐果；

植株旺长，养分分配不均，大部分养分供给茎叶生长，而供应花器的营养跟不上。

在开花期间喷施某些防治灰霉的农药也会导致坐果率降低。

（3）解决措施

合理控制温度，辣椒在开花坐果期间白天温度25～28℃，夜间13～15℃；

在开花之前合理安排浇水，保持土壤湿度，到普遍开花时则不可浇水；

如果出现拔节旺长的现象，叶面喷施20%光合菌素生长调节剂1 500倍液；

开花期间谨慎喷施杀菌剂和杀虫剂，叶面喷施3.5%果神五号坐果素300倍液，能有效提高坐果率。

2. 畸形果

(1) 危害症状

辣椒畸形果与正常果实果型相比有差异，如出现扭曲、皱缩、僵小、畸形等，横剖果实可见果实里种子很少或无，有的发育受到严重影响的部位内侧变褐色，失去商品价值（图 2－178）。

图 2－178　畸形果

(2) 发生原因

土壤干旱，影响花芽正常分化；

温度不合理，温度长时间高于 35℃或长时间低于 13℃易形成畸形果。

(3) 解决措施

合理浇水，保持土壤湿度；

在开花前和花期，温度控制至关重要，如果在冬季低温时期，要加强保温，使夜间温度不低于 13℃，如在高温期间，则加大通风或加盖遮阳网降温；

在上述前提下，叶面喷施 0.136%芸薹·吲乙·赤霉酸（碧护）15 000倍配加 21%优果硼 1 500倍，以促进正常花芽分化，减少畸形果的发生。

(三) 虫害

1. 螨虫

(1) 为害症状

为害辣椒的中上部，尤其是生长点附近危害最为严重，受害的叶片边缘卷曲，扭曲变形，叶背面呈油质光泽，受害的蕾和花僵硬，不能正常开花，受害的果实僵硬直立或扭曲变形（图 2－179）。

(2) 防治措施

提前预防，在辣椒开花前就需喷药防治，喷施 2%阿维菌素乳油 500 倍液，或喷施 22%毒死蜱吡虫啉乳油 1 500倍液，或喷施 20%阿维哒螨灵 1 500倍液，或喷施 3.3%阿维联苯菊酯乳油 600 倍液，或喷施 0.3%印楝素乳油 800 倍液。

图 2-179　受害植株

2. 蓟马

(1) 为害症状

成虫和若虫以吸食嫩梢嫩叶为主，被为害的嫩叶变硬，叶脉扭曲变形，叶片上出现绿黄色不规则形条形斑，这是区别螨虫危害的重要标志。严重时植株节间缩短，生长缓慢（图 2-180）。

图 2-180　蓟马为害叶片

(2) 防治措施

提前预防，喷施 5% 氟虫腈悬浮剂 2 000倍液，或喷施 70% 吡虫啉水分散剂 4 000倍液，或喷施 25% 噻虫嗪水分散剂 5 000倍液，或喷施 2.5% 多杀菌素悬浮剂 1 000 ~ 1 500倍液。

3. 白粉虱

(1) 为害症状

白粉虱是一种全国最为普遍的害虫，俗名又叫小白娥。辣椒受白粉虱为害后，叶片逐渐变黄，使光合作用减弱或直接失去光合作用，白粉虱繁殖快，并分泌大量蜜露，引发煤污病的发生（图 2-181）。

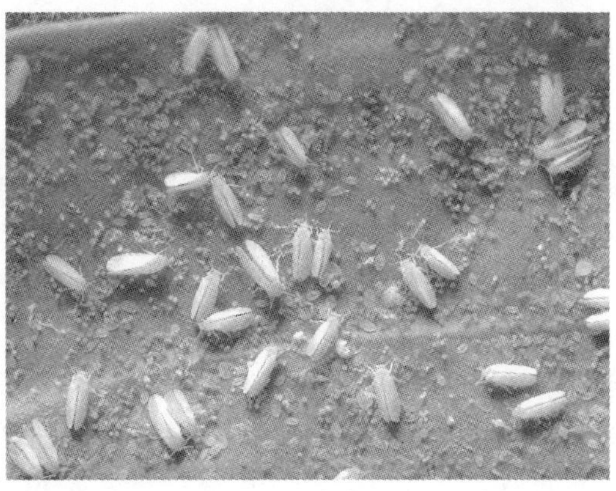

图2-181　白粉虱及其为害状

（2）防治措施

风口处安装防虫网，防止成虫大量飞入棚室；

棚室内吊挂黄色黏虫板，进行物理防治；

药剂防治时一定要虫卵兼治，既要防治成虫，又要防治虫卵；

喷施65%噻嗪酮可湿性粉剂1 500倍液配加20%吡虫啉可溶性粉剂3 000倍液，或喷施配加2.5%联苯菊酯乳油1 000～1 500倍液，或喷施3%啶虫脒乳油1 500倍液；

10%异丙威烟剂或15%虱蚜蓟螨一熏落烟剂，每亩200g～250g烟熏。

4. 蚜虫

（1）为害症状

蚜虫以吸食嫩茎和嫩叶为主，辣椒被危害后，茎叶卷曲，出现大量黄褐色或黑褐色的黏性物质，使植株不能正常生长，严重时枯死（图2-182）。

图2-182　蚜虫为害状

（2）防治措施

喷施4%阿维啶虫脒微乳剂800～1 000倍液，3%啶虫脒乳油1 000～1 500倍液，或喷施10%吡虫啉可湿性粉剂1 500～2 000倍液，或喷施5%天然除虫菊素1 000～1 500倍液。

10%异丙威烟剂或15%虱蚜蓟螨—熏落烟剂，每亩200~250g烟熏。

【小资料】

趣话辣椒

人们为何如此青睐辣椒呢？实乃其营养丰富以及独含不同于葱姜蒜的一种香辛物质——“8-甲基6-癸烯酸的草基胺”，而能发挥作用的重要成分—“CHON”，所组成的有芳香性辣味物，食之大有辣味感。烹饪上属为“热”与“火”之辣味，有类似胡椒和花椒之性。饶有趣的是，烹调上全仰仗其特有的“辣椒碱类”——辣椒碱、二氢辣椒碱，乃属“辛辣”成分；而其辣椒红素（$C_{40}H_{56}O_3$）、番茄红素及辣椒玉色素（$C_{46}H_{56}O_4$），则又属辛酰香荚兰胺色素。惟其最具神奇之处，在于化学性极稳定，酸、热、碱均不会受到丝毫破坏，无怪川菜“麻辣豆腐”、滇菜“过桥米线”和陕食“羊肉泡馍”等，食后都会感到回味无穷；特别还含有隐黄素和柠檬酸等物质，食之会刺激唾液和胃腺分泌，使人食欲大增，而所含的“辛辣素”有着刺激心脏加快跳动，能大大加速血液的循环，有活血和助暖去寒之功效。

在清乾隆御膳中就配有“辣椒”，到了嘉庆年间已育出一种状似小牛角的“牛角椒”；还有其椒尖向上的“朝天椒”；道光年间一本《遵义府志》，精辟地记载它是“园蔬要品，每味不离。”后来人们经过选培，又分离出尖圆大小种种辣椒。在著名植物学家吴俊芳的《植物名实图考》中叙述的美轮美奂，尤为细腻：有长细状似牛角名“牛角海椒”；细如小笔尖，从结仰者曰“纂椒”；还有扁圆色黄或红，味淡者为“柿椒”……还有《种植新书》上也详细叙述到：“种类有大小之分、迟早之别，至以种名，不能屈指以数。”可见，我国辣椒品种之多正是精彩纷呈，居世界榜首。按分类定了名的不下700多种（全球有7 000多种）。不过有名的要算“四大椒乡”—河北省望都、河南省永城、山西省代县、山东省耀县；享有声望的，则诸如云南思茅的“涮椒”，只要于汤里涮一下，即成了一锅辣汤，足见其辣性之厉害，与匈牙利一种辣椒一样，咬上一口竟辣得半天合不拢嘴，同称“辣椒之王”。还有安徽的“颜集线椒”品味纯正，个大肉厚，色亮，所含辣椒素、红色素，远高于颇负盛名的日本“三缨椒”，成为广交会的抢手货；湖南攸县皇图岭所产的一种辣椒，既辣又甜，食后余味满口，被国际友人称为“全红如火，油润光滑，香辣可口”；其他如四川省什邡县的“红辣椒”，宜宾江安的“灯笼椒”，湖南省衡阳的“七星椒”，陕西省“大椒”，山东省“雏椒”，山西省的“柿子椒”，河南省洛阳“洛椒”等，真是名品很多，举不胜举。

饶有趣味的是世界各国食椒之法颇多，像美洲、大洋洲和西欧一些国家，喜食微辣之椒；而非洲和阿拉伯国家，则以辣为主；韩国、朝鲜和印度等国则有“嗜辣”食俗；像墨西哥、泰国则食椒尤为奇特，只要有菜肴，绝不可无椒；墨西哥人更视椒为“三大食品”之一。甚至饮酒时，要以一种特产的“小辣椒”作饮酒佳肴，方可开怀痛饮，连五六岁孩子都爱吃，真是“无椒不成菜，无辣不成味。”不过世人最为奇异的要算美国西南部的人民用椒酿酒，一种“茄拉攀诺”白酒，喝后竟能开胃、强身、健脾、增食提神。在美国新墨西哥州哈契镇，每年的10月里都要举行闻名全美的“辣椒节”。

第四节　黄　瓜

黄瓜属葫芦科，葫芦属，也称王瓜、胡瓜、青瓜。原产于喜马拉雅山南麓、印度北部至尼泊尔的热带雨林地区，分两路传入我国：一路：原产地→东南亚→中国南部，形成华南型黄瓜；另一路：原产地→丝绸之路→中国北方，形成华北型黄瓜。中国的黄瓜栽培始于2 000年前的汉代。20 世纪 60 年代有了小拱棚覆盖栽培；到 70 年代发展塑料大棚栽培；进人 20 世纪 80 年代中期，发展高效节能日光温室栽培，现已实现了周年生产。多以嫩果供食，可鲜食和凉拌，还可炒食或加工盐渍、糖渍、酱渍等。黄瓜富含蛋白质、钙、磷、铁、钾、胡萝卜素、维生素 B_2、维生素 C、维生素 E 及烟酸等营养素。黄瓜中含有精氨酸等必需氨基酸，对肝脏病人的康复很有益处。黄瓜所含的丙醇二酸，有抑制糖类物质在机体内转化为脂肪的作用，因而肥胖症、高脂血症、高血压、冠心病患者，常吃黄瓜既可减肥、降血脂、降血压，又可使体形健美、身体康复。黄瓜汁有美容皮肤的作用，还可防治皮肤色素沉着。黄瓜顶部的苦味中富含葫芦素 C 的成分，具有抗癌作用。黄瓜所含的钾盐十分丰富，具有加速血液新陈代谢、排泄体内多余盐分的作用，故肾炎、膀胱炎患者生食黄瓜，对机体康复有良好的效果。黄瓜性凉，慢性支气管炎、结肠炎、胃溃疡病等属虚寒者宜少食为妥。

一、生物学特性

（一）植物学特性

1. 根

黄瓜的根由主根和侧根两部分组成。在土层深厚、土壤结构良好、有机质丰富的条件下，主根入土较深，可达 80～100cm。侧根横向延伸，集中于植株周围 30cm 左右范围内，分布在表土以下 15～20cm 处，呈圆锥状分布（图 2－183）。

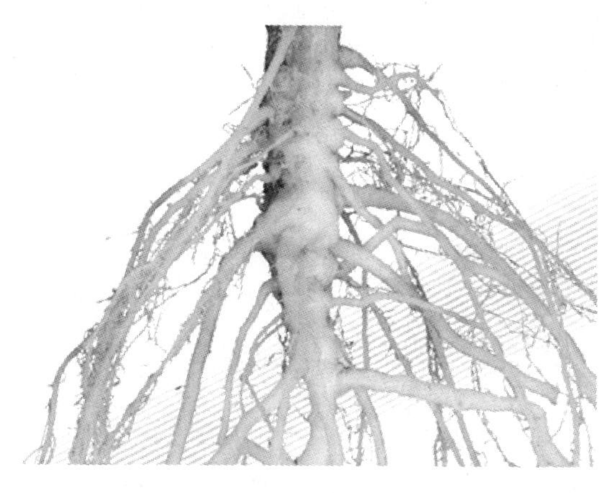

图 2－183　黄瓜根系

2. 茎

黄瓜的茎是蔓生性，也称茎蔓。茎的长度因品种类型而异。晚熟品种一般茎蔓长可达 3m 以上；早熟品种一般茎蔓较短，有的短到 1m 左右。长蔓品种一般侧枝较多，甚至有第二分枝；短蔓品种一般不发生侧枝（图 2－184）。

图 2－184　黄瓜的茎

3. 叶

子叶对生，是幼苗生长初期主要的营养来源。真叶互生，掌状全缘、两面有稀疏刺毛，叶片大而薄，故蒸腾量大（图 2－185）。

图 2－185　黄瓜的叶

4. 花

黄瓜雌雄同株异花，异花授粉，自然杂交率可达 53%～76%，但雌花具有单性结实特性。有极少数的雌雄蕊都发育从而成为不同程度的两性花，两性花结畸形果（图 2－186、图 2－187）。

5. 果实

黄瓜的果实是由子房和花托发育而成的。植物学上称作假浆果，又叫瓠果。因品种不同其果实性状差异很大，长短不一，大的长达 60～100cm，小的只有十几厘米（图 2－188）。

图 2－186　黄瓜的雌花

图 2－187　黄瓜的雄花

图 2－188　黄瓜的果实

图 2－189　黄瓜的种子

6. 种子

种子扁平、长椭圆形、黄白色，千粒重 20～40g。发芽年限 4～5 年，但 1～2 年的种子生活力高。由授粉到种瓜采收需 35～40 天，每果可结籽 100～300 粒（图 2－189）。

（二）生长发育过程及其特性

1. 黄瓜的生长发育过程

黄瓜的生长发育过程分发芽期、幼苗期、初花期和结果期 4 个阶段。露地栽培一般在 90～120 天，而设施栽培下相对较长。

（1）发芽期

从播种至第一片真叶出现（破心）为发芽期，适宜条件下需 5～10 天。这一时期是主根下扎，下胚轴伸长和子叶展平。创造适宜温度和湿度、促进尽快出苗；出土后则应降温以防徒长。

（2）幼苗期

从真叶出现到第四、五片真叶展开，适宜条件下需20～30天，是幼苗的形态建成和花芽分化期。管理上要促控结合，培育适龄壮苗。即采取适当措施促进各器官分化和发育，同时，控制地上部生长、防止徒长。

（3）初花期

初花期又称伸蔓期，从4～5真叶展开到第1雌花坐瓜，适宜条件下20天左右。初花期结束时，一般株高1.2m左右，已有12～13片叶。这一时期主要是茎叶形成，其次是继续花芽分化，花数不断增加，根系进一步发育。此期内，生长中心逐渐由以营养生长为主转为营养生长和生殖生长并进阶段。管理上要协调地上部生长和地下部生长的关系、调节营养生长和生殖生长的关系。目的是既要促进根系生长，又要扩大叶面积，并保证继续分化的花芽质量和数量，还要防止徒长、促进坐瓜。

（4）结果期

由第一雌花坐住瓜到拉秧为止，是连续不断的开花结果，根系与主侧蔓继续生长，结果期的长短是产量高低的关键所在。管理上要平衡秧果关系，延长结果期，以实现丰产为目的。结果期的长短主要取决于环境条件和栽培技术。

2. 花芽分化与性型决定因素

花芽分化特点：两型性。黄瓜在第一片真叶刚出现就开始花芽分化，初期为两性花，之后分化为雌、雄花。黄瓜花的性型是可塑的，影响性型的因素主要是温度和光照条件，水分和营养条件也有一定影响，因此，采取如下措施能使黄瓜的雌花节位降低、数目增多。

（1）温度管理

低温可促进雌花分化和发育，尤以夜间温度影响最大。因此，苗期夜温不能过高，否则雄花多，雌花分化节位高；一般白天温度25～30℃，夜间13～15℃，有利雌花分化。

（2）日照控制

黄瓜的性型分化与日照时间长短有密切关系，8小时短日照对雌花分化有利，短于8小时更能促进雌花分化，但生长受限制，难以形成壮苗。日照对雄花分化有利，所以，温室由于覆盖草苫，便于进行短日照处理。

（3）空气、土壤

空气、土壤湿度较大时有利于雌花分化，所以，育苗期间不宜过分控水。

（4）二氧化碳

二氧化碳含量高使雌花增加。

（5）移植、嫁接

经过缓苗和成活过程，控制了营养生长，促进生殖生长，所以，移植嫁接雌花节位低且数目多。

（6）激素控制

夏、秋黄瓜的育苗期正是高温、长日照季节，因此，可采用乙烯利处理，降低雌花节位和增加雌花数目。

3. 长势判断

黄瓜各个生育期正常长势，见表2-8，图2-190至图2-195。

表2-8 黄瓜各个生育期正常长势一览表

育苗期	定植期	生长前期	开花期	结瓜期
苗子整齐，叶片较厚，色浓绿	茎秆粗壮，叶柄较短，叶缘缺刻深	节间适中，叶片浓绿，根系发达	伸长的雌花向下开放，花瓣大，色鲜黄	瓜条生长快，瓜条直，颜色浓绿，采收频率高

图2-190 育苗期正常长势

图2-191 缓苗后正常长势

图2-192 生长前期正常长势

图2-193 开花期正常长势

（三）对环境条件要求

喜温不耐寒，喜湿怕旱不耐涝，喜光照充足，但又比较耐弱光，喜肥而又不耐肥，黄瓜根系呼吸强度大，黄瓜栽培要求土壤通透性好，黄瓜各个生育期要求适宜温度和土

图2-194 结瓜期正常长势

图2-195 盛瓜期正常长势

壤湿度，见表2-9。

表2-9 黄瓜各个生育期要求适宜温度和土壤湿度表

时期	白天温度（℃）	夜间温度（℃）	土壤湿度（%）
播种至出土	28~32	18~22	85
出土至分苗	25~28	18~20	70
分苗至定植	23~25	13~15	60
定植至缓苗	25~30	15~18	85
缓苗至开花	26~28	13~15	55
结果前期	25~27	12~15	80
盛果期	26~28	13~16	60~80
生长后期	24~26	12~15	55~60

二、茬口安排

目前，温室黄瓜栽培的主要茬口有越冬一大茬栽培和早春茬栽培。越冬一大茬栽培的定植时间一般在10月底至11月上旬，早春茬栽培的定植时间一般在2月上旬前后。

三、品种选用

（1）津优36

植株生长势强，叶片大，主蔓结瓜为主，瓜码密，回头瓜多，瓜条生长速度快。早熟，抗霜霉病、白粉病、枯萎病，耐低温、弱光能力强。瓜条顺直，皮色深绿、有光泽，瓜把短，心腔小，刺瘤适中，腰瓜长32cm左右，畸形瓜率低，单瓜重200g左右，适宜温室越冬茬及早春茬栽培。

（2）呱呱美

沈阳耕艺种业品牌，耐低温、耐弱光性强，早熟性好，雌花节位4～5节，瓜码密，甩瓜快，膨瓜快，密刺，把短，瓜条直，连续坐瓜能力强，丰产潜力大，商品性好。

（3）冀美之星

河北际洲种苗有限公司育成，植株生长势快，叶片中等大小，主蔓结瓜为主，瓜码密，第一雌花节位4节左右，回头瓜多，丰产潜力大，单性结实能力强，瓜条生长速度快，早熟性好，生长后期主蔓掐尖后侧枝兼具结瓜性且一般自封顶。中抗霜霉病、白粉病、枯萎病，耐低温、弱光。瓜条顺直，皮色深绿光泽度好，瓜把小于瓜长1/7，心腔小于瓜径1/2，刺密、无棱、瘤小，腰瓜长33～34cm，不弯瓜不化瓜，畸形瓜率低，单瓜重200g左右，果肉淡绿色，肉质甜脆，品质好，商品性极佳。生长期长，不易早衰，越冬及早春栽培亩产均能达到10 000kg以上。

四、育苗关键技术

黄瓜嫁接技术是黄瓜生产栽培中克服连作障碍、提高植株抗逆性、防治黄瓜枯萎病和疫病等病害、获得高产的一项主要技术措施。嫁接后的黄瓜抗逆性增强，具有耐低温、耐高温、耐涝、耐旱等特点。嫁接苗根系发达，生长势强，侧枝发育正常，结瓜稳定，并能连茬，在黄瓜生产上使用嫁接技术可以达到增产、防病、提高黄瓜自身的抗逆性等诸多优势。

（一）砧木选择

用于黄瓜嫁接的主要砧木品种有黑籽南瓜、白籽南瓜、黄籽南瓜、荒地瓜，以及南瓜品种新土佐和白菊座等。常用的砧木是云南黑籽南瓜和白籽南瓜。黑籽南瓜在低温条件下亲和力较高，多应用于早春嫁接；白籽南瓜在高温条件下亲和力较高，多应用于夏秋黄瓜的嫁接。黑籽南瓜种子休眠约120天，故当年生产的种子发芽率低、出芽也不整齐，最好用隔一年的种子。初次进行嫁接时，应选用当地嫁接成功的砧木进行嫁接或进行小批量亲和力试验，以防砧木选择不当，而影响成活率和品质，降低产量。

（二）浸种、催芽

（1）接穗

将消毒处理后的黄瓜种子放进55℃的水中浸种，并不断搅拌至水温降到25℃，用手搓掉种子表面的黏液，再换上25℃的温水浸种6～8小时后，放在25～30℃条件下催芽。待芽长0.3cm时即可播种。播种密度以每平方米2 000～2 500粒为宜。

（2）砧木

方法与接穗相同，但浸种水温可提高到70～80℃，黑籽南瓜种子发芽要求较高的温度，通常将种子浸泡8～12小时，然后放在30～33℃的条件下催芽。24小时即可发芽，36小时出齐，当芽长0.5～1cm时即可播种。

（三）播种和嫁接的时间

黄瓜嫁接有靠接、插接等方法。嫁接方法不同，要求的适宜苗龄也不同。要依据所采用的嫁接方法，来确定黄瓜和南瓜的播种时间。黄瓜出苗后生长速度慢，黑籽南瓜苗生长速度快，要使两种苗在同一时间达到适宜嫁接，就要合理错开播种期。

（1）插接法

一般南瓜提前2～3天或同期播种，黄瓜播种7～8天后，就可以进行嫁接。嫁接适宜形态为黄瓜苗子叶展平、南瓜苗第一片真叶长1cm左右。

（2）靠接法

一般黄瓜播种5～7天后，再播种南瓜，在黄瓜播后10～12天，就可以进行嫁接。嫁接适宜形态为黄瓜的第一片真叶开始展开，南瓜子叶完全展开。

（四）嫁接方法

黄瓜嫁接的方法有插接法、靠接法、劈接法、拼接法等。靠接法和插接法因操作简便、成活率高而最为常用。

嫁接工具准备：刮脸刀片、竹签，竹签用竹片自制成不同粗细（以略粗于黄瓜茎为宜），长5～10cm，一端削成刀刃状；另一端削尖，用砂纸磨光；或直接使用牙签也可。

1. 靠接法

（1）砧木

用刀片或竹签刃去掉生长点及两腋芽。在离子叶节0.5～1cm处的胚轴上，使刀片与茎成30°～40°角向下切削至茎的1/2，最多不超过2/3，切口长0.5～0.7cm（不超过1cm）。切口深度要严格把握，切口太深易折断，太浅会降低成活率。

（2）接穗

在子叶下节下1～2cm处，自下而上呈30°角向上切削至茎的1/2深，切口长0.6～0.8cm（不切断苗且要带根），切口长与砧木切口长短相等（不超过1cm）。

砧木和接穗处理完后，一手拿砧木，一手拿接穗，将接穗舌形楔插入砧木的切口里，然后用嫁接夹夹住接口处或用塑料条带缠好，并用土埋好接穗的根，20天左右切断接穗基部。

（3）嫁接技术

靠接法（图2－196至图2－203）。

图2－196　南瓜苗去心

图2－197　取南瓜苗

图 2-198 取黄瓜苗

图 2-199 南瓜、黄瓜苗切口

图 2-200 靠接

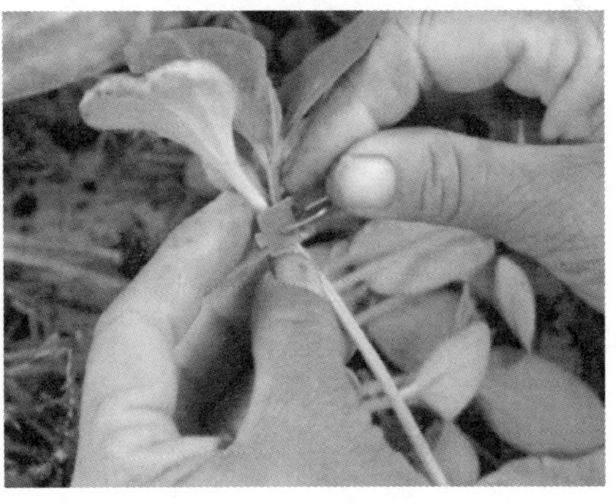

图 2-201 用夹子固定

图 2-202 靠接后栽植到营养盘

图 2-203 嫁接完毕后薄膜覆盖

2. 插接法

（1）斜插法

拇指和食指捏住砧木胚轴，用刀片或竹签去掉生长点及两腋芽，然后用竹签在苗茎的顶面紧贴一子叶基部的内侧，与茎成30°～45°角的方向，向另一片子叶的下方斜插，插入深度为5mm左右，以竹签将穿破砧木表皮而又未破为宜，暂不拔出竹签。

将黄瓜苗从子叶下1cm处切约30°角斜面（子叶着生一侧），第一刀稍平而不截断，翻过苗茎，再从背面斜削一刀，切口长0.5～0.7mm，将接穗削成楔形。随即拔出砧木上的竹签，把接穗插入南瓜斜插接孔中，使砧木与接穗两切口吻合。黄瓜子叶与南瓜子叶呈“十”字形，用嫁接夹夹上或用塑料带缠好。

（2）直插法

用刀片或竹签去掉砧木的生长点及两腋芽，在生长点中心处用略比黄瓜茎粗一点的竹签（自制、与接穗胚茎同粗）垂直插入0.5cm左右，暂不拔出。在黄瓜苗生长点下1～1.5cm处切30°角切断，呈0.4～0.5cm长的椭圆形切面，拔出砧木上的竹签，插入南瓜茎插接孔中，砧木与接穗子叶方向呈“十”字形。喷雾浸水后，置于保湿小拱棚内。接后3天内保持95%的湿度，白天温度25～28℃，夜间18～20℃。4天后小通风，8天后可揭膜炼苗。25天左右三叶一心时即可定植。

插接法如图2－204至图2－207。

图2－204　南瓜苗去心

图2－205　竹签插孔

图2－206　插接

图2－207　插接完成

（3）嫁接注意事项

①嫁接砧木的选择。不能滥用砧木，否则会因为南瓜是不同种属而引起不亲和性，不但达不到抗病增产目的，相反还会降低品质，造成减产和引起生理病害。

②黄瓜嫁接育苗的砧木，早春栽培主要应用黑籽南瓜，夏秋栽培主要应用新土佐南瓜。黑籽南瓜抗低温性好，适合于早春和冬季栽培，但在低地温下，会降低吸收镁的能力，叶色变黄，在高温下会发生急性萎蔫病。高温期则采用新土佐南瓜，因其耐热耐旱性好。

③苗床土的配制。一般采用充分腐熟的粪肥与土混合搅拌，比例是 7：3。

④嫁接前应对苗床秧苗喷水，利于起苗和防止秧苗萎蔫。

⑤幼苗取出后，可用清水洗根，洗掉根系上的泥土。

⑥嫁接好的苗要立即栽植到苗床营养钵中，并盖上小拱棚。栽植嫁接苗时，应把两个根茎分开1 ~ 2cm，以利于以后的断根操作。注意保温、保湿、遮阴，刀口处不能沾上泥土。

⑦嫁接工具要用酒精或高锰酸钾进行消毒。

⑧提早播种。嫁接黄瓜有个缓苗过程，南瓜根系具耐低温性，可早定植，故一般要比不嫁接的早播 10 天左右。

⑨砧木与接穗的配对。若嫁接时幼苗长势差异较大，要注意选用苗茎粗细相协调的黄瓜苗和南瓜苗进行配对嫁接，黄瓜苗茎应比南瓜苗茎稍细一些。一般以黄瓜苗茎不超过南瓜苗茎粗的 3/4，不小于 1/2 为宜。另外，还应注意苗的长度的搭配，以便于移植。

3. 嫁接后期的管理

（1）保湿

保湿是嫁接成败的关键措施，嫁接苗移栽到营养钵后，要立即喷水。用塑料小拱棚保湿，使棚内湿度达到饱和，即在扣棚第二天膜上有水滴，3 ~ 4 天后可适度通风降湿。初始通风量要小，以后逐渐加大，一般 9 ~ 10 天后进行大通风，若发现秧苗萎蔫，应及时遮阴喷水，停止通风。

（2）控温

嫁接后 3 天内是形成愈伤组织及交错结合期。小棚内温度应保持在 25 ~ 30℃，不超过 30℃，夜间 18 ~ 20℃，不低于 15℃。嫁接后 3 ~ 4 天开始通风，棚内白天温度25 ~ 30℃，夜温 15 ~ 20℃。定植前 7 天，可降温至 15 ~ 20℃。

（3）遮阴

嫁接后 3 天内，中午温度过高、光照过强时，必须用遮阳网或草帘遮阴降温，防止接穗失水而萎蔫。早晚可去掉遮阴物，使嫁接苗见光。并注意开棚检查，切口未对上的重新对好，黄瓜苗有萎蔫的可重新补接上。嫁接第 4 天起可早晚各见光 1 小时左右，一般 7 天后就可全见光了。

（4）去腋芽

嫁接时，砧木生长点和腋芽没彻底去干净时，会萌出新芽，因此，在苗床开始通风后，要及时去掉，以保证嫁接苗的成活率和正常生长。

(5) 断根

靠接法嫁接的黄瓜苗，在嫁接后10～12天，用刀片将黄瓜幼苗茎在接合处的下方切断，并拔出根茎。断根晚，黄瓜根系在土中易遭受枯萎病菌侵染，病菌可向上侵染，使嫁接失败。

五、土壤管理

(一) 正常土壤施肥方案

根据配方施肥的原则，黄瓜的底肥用量，见表2－10。将以下肥料均匀撒施后深翻或旋耕（图2－208）。

表2－10　黄瓜的底肥用量表

用肥种类	腐熟过的粪肥	芽孢蛋白有机肥	复合肥	海洋生物活性钙	精品全微肥
亩用量	15～20m^3	200～300kg	100～150kg	50～75kg	20～30kg
效果特点	长效补充有机质	快速补充有机质、蛋白质	补充氮磷钾大量元素	补充钙镁硫中量元素	补充微量元素
注意事项	必须腐熟	撒施或包沟	选择平衡型	必须施用	必须施用

图2－208　撒施肥料

(二) 土壤改良

土壤改良参见第一章第二节。

六、田间农艺管理

(一) 栽培模式

起垄栽培（如图2－209、图2－210）。

(二) 株行距确定

黄瓜行距一般是大行80cm，小行60cm。

图 2－209　起垄栽培

图 2－210　起好的垄

株距为 28～32cm，一般亩栽植 3 300～3 600株。

（三）定植

①确定好株行距后，在畦面或垄上开定植穴，为快速缓苗，促进根系生长，可在定植穴内撒施有机肥料（肽素活蛋白），一亩地撒施 15～20kg，撒施后与土拌匀，准备定植（图 2－211）。

图 2－211　定植穴内撒施有机肥料

②定植前用 96% 恶霉灵 1 000倍液配加 0. 136% 碧护 15 000倍液蘸根消毒。

③选择壮苗，在晴天上午定植。

④定植完毕后浇大水，每亩地随水冲施 EM 菌剂沃地菌丰 10L，补充有益菌，改善土壤环境。

（四）定植后管理

①合理控温：定植后缓苗前白天温度 28～32℃，夜间 18～20℃。缓苗后白天 27～30℃，夜间 13～15℃。

②划锄：缓苗后，开始进行中耕划锄，增加土壤透气性，促进根系深扎。

③划锄完毕后覆盖白色地膜，以保温保湿（图2－212）。

图2－212　覆盖白色地膜

④及时防疫：为防止真细菌病害的发生，间隔10～15天喷施75%百菌清600～800倍液配加20%叶枯唑600～800倍液2～3次。浇第二水（缓苗水）时每亩地冲施“壳聚糖”（植物生长复壮剂）10L。有效促使根系生长，提高作物的抗病及抗逆能力。

（五）开花期管理

1. 温度控制

开花期间白天温度23～30℃，夜间12～15℃。

2. 吊蔓

植株长到30cm左右、6～8片真叶、黄瓜龙头向下弯时进行。吊蔓要及时进行，防止植株倒伏。吊绳选择抗老化的聚乙烯细绳（图2－213）。

图2－213　吊蔓后的黄瓜

（六）结瓜期管理

1. 温度控制

结瓜期间白天温度 28～30℃，夜间 13～15℃。

2. 留瓜原则

植株长到 30cm 时开始留瓜，并把离地表 30cm 内的幼瓜及时摘除，从 30cm 往上开始留瓜，且要根据植株长势决定留瓜数量，植株较旺的适当多留，长势偏弱的则要少留。正常长势的一般有两种留瓜方式：2－0－1－0－2，也就是说从植株下部开始留两个往上疏掉一个，再往上留一个，再疏掉一个，再往上留两个。还有一种方式就是 1－0－1－0－1，就是说留一个瓜疏一个瓜，以此类推。

3. 缠蔓

黄瓜是蔓生作物，所以在生长过程中要不断把茎蔓缠绕在吊绳上，以防止植株的生长点下垂或折断（图 2－214）。

图 2－214　缠蔓

4. 浇水施肥

黄瓜的膨瓜浇水追肥在坐瓜以后进行，要根据长势和土壤干湿情况决定浇水的时机提前或延后。浇水追肥要注重有机肥和生物菌肥（肽素活蛋白 20kg/亩），合理搭配化学肥料（斯沃氮、磷、钾 20：20：20 或 13：7：40 大量元素水溶肥 10kg/亩或 35% 蔬乐丰动力钾 20kg/亩），尤其在深冬期间，根系活动能力差，对养分的吸收力较弱，更要注重养护根系，冲肥时要严格控制化学肥料的用量，避免过量施用化学肥料造成伤根（图 2－215）。

5. 落蔓

黄瓜的植株长到一定高度（生长点长到吊菜的钢丝处）时，要进行落蔓，把茎秆环形盘绕在地面上。落蔓的时候，要轻缓操作，以免折断茎秆（图 2－216）。

6. 打叶

落蔓之前要把底部老叶合理摘除，但植株上部一定要保持足够数量（15～18 片）的大叶，以便维持正常的膨瓜和生长（图 2－217）。

图 2－215　浇水追肥

图 2－216　落蔓

图 2－217　摘除底部老叶

七、黄瓜生长发育的形态诊断

（一）叶片诊断

1. 子叶干缩

黄瓜子叶是反应幼苗和生长早期植株健壮程度的"晴雨表"，子叶生长不良是环境条件差、管理水平较低的一个信号。特别在低温，尤其是地温较低定植后，定植操作时伤根，缓苗慢，子叶常常干缩，甚至过早脱落（图2－218）。

图2－218　子叶干缩

防治方法：一是进行粪肥发酵腐熟，避免施用生粪；二是合理通风，及时排除棚室内有害气体；三是加强棚室保温，10cm 地温要保持在10℃以上。

2. 黄叶

（1）发病症状

黄瓜越冬栽培时，从收获期开始，植株的中、上位叶片急剧黄化，早晨叶片背面水浸状，中午消失，逐渐水浸状部位黄化，最后，全叶黄化（图2－219）。

图2－219　黄叶

（2）发生原因

①地温过低，导致营养吸收受阻；

②不合理施肥导致伤根，造成营养缺乏或是偏施肥料产生拮抗；

③浇水量过大，造成沤根，影响养分吸收；

④缺镁。

（3）解决措施

①冬季寒冷时期加强保温，种植行间铺秸秆保地温；

②合理施肥，低温时期冲施有机肥和生物菌肥为主，减少化肥用量；

③合理掌握浇水量，连续阴天不浇水；

④叶面喷施98%优果镁1 500倍液＋52%优果氮1 000倍液＋4%海绿素1 500倍液。

3. 白化叶

（1）发病症状

黄瓜白化叶在温室黄瓜生产中经常发生，造成叶片早枯，瓜秧早衰，影响光合作用，导致减产。叶片发病，首先是叶片主脉间叶肉褪绿、变黄，最后为白色。褪绿部分顺次向叶缘发展并扩大，直至叶片除叶缘尚保持绿色外，叶脉间的叶肉均变为黄白色，俗称“绿环叶”。发病后期，叶脉间的叶肉全部褪色，重者发白，与叶脉的绿色成鲜明对比，俗称“白化叶”（图2－220）。

图2－220　白化叶

（2）发病原因

白化叶致病原因是植株缺镁。黄瓜植株进入盛瓜期后，对镁的需求量增加，此时镁供应不足易产生缺镁症。缺镁可以是土壤中缺少镁，或土壤中本不缺镁，但由于施肥不当而引起镁吸收障碍，造成植株缺镁。在生土地上栽培黄瓜，也容易缺镁。氮、钾肥偏多将会影响植株对镁的吸收，磷缺乏也将阻碍植株对镁的吸收。此症状应区别于杀虫剂药害。

（3）防治措施

①遵循平衡施肥原则，避免偏施肥料；

②叶面喷施98%优果镁1 500倍液+4%海绿素1 500倍液。

（二）花器诊断

正常形态下，开花的位置距离植株茎蔓顶部40～50cm，将要采收的瓜条距离株顶70cm，其间具有展开叶6～7片，低于或者高于这个标准均属于不正常的。正常的植株雌花大而长，向下开发，如图2－221所示。

图2－221　正常的花

开花节位距离顶部的距离小于40cm，采瓜部位距离顶近，则是老化型，是由于养分、水分供应不及时，或虽然养分及时，水分供应不及时，或者根系不能正常吸收，造成结瓜疲劳症的一种表现。严重的时候，开花节位达到瓜蔓顶部，表示生殖生长过旺，营养生长极度过弱。黄瓜植株雌花横向开放，说明生长比较弱，如图2－222所示。黄瓜雌花向上开放，表示植株生长十分弱，如图2－223所示。黄瓜水肥供应不足，植株老化，导致开花节位距离生长点很近，如图2－224所示。

图2－222　雌花横向开放

图2－223　雌花向上开

图 2－224　雌花太靠上

图 2－225　正常卷须

（三）卷须诊断

黄瓜卷须能表明植株的营养状态。正常的状态下卷须粗壮伸长与茎成 45°角，如图 2－225 所示；土壤干旱缺水，卷须呈弧状下垂，卷曲，如图 2－226 所示；植株长势弱，营养状态不良，卷须细而短，先端卷成圆圈，表示植株老化，如图 2－227 所示；卷须尖端变黄，卷须短、细、硬，没有弹力，先端卷曲，用手不易折断，咀嚼有苦味，表示植株弱，即将要得霜霉病。

图 2－226　卷须弧状下垂

图 2－227　卷须细弱下垂

（四）果实诊断

1. 瓜打顶（图 2－228）

（1）发生原因

①温度过低，尤其是地温过低。

②植株带瓜太多，导致赘棵。

③伤根或根系不发达，营养吸收障碍。

（2）解决措施

①低温时期夜间尽可能保温，夜温不低于 13℃。

图 2－228　瓜打顶

②合理留瓜疏瓜，如出现瓜打顶则要把植株顶部的幼瓜全部疏掉。

③合理浇水施肥，不可大水漫灌，避免冲施激素、高氮肥料伤根，每亩地冲施沃地菌丰菌剂 10L 配加 50% 蔬乐丰基本型 20kg。

④叶面喷施 20% 促丰 500 倍液 +0.004% 芸薹素内酯 1 500倍液 +52% 优果氮 1 500 倍液。

2. 化瓜（图 2－229）

图 2－229　化瓜

（1）发生原因

①带瓜太多，导致营养供应不足。

②生长失调，植株营养生长旺盛。

③夜温过高，营养消耗过大。

④根系不发达，影响养分吸收。

（2）解决措施

根据植株长势合理留瓜疏瓜，如植株旺长，降低夜温，叶面喷施 99% 磷酸二氢钾 1 500倍液，如植株偏弱，喷施 52% 优果氮 1 500倍液 +0.004% 芸薹素内酯 1 500倍液。合理施肥，养护好根系，可减少化瓜的发生。

3. 畸形瓜

生产中很容易出现畸形瓜，黄瓜的畸形瓜包括尖嘴瓜（图2－230）、大肚子瓜（图2－231）、蜂腰瓜（图2－232）、弯瓜（图2－233）等非正常形状的瓜。

图2－230　尖嘴瓜

图2－231　大肚瓜

图2－232　蜂腰瓜

图2－233　蜂腰瓜

（1）发生原因

①单性结实：黄瓜没有授粉也能结实，在营养条件较好时可发育成正常瓜条，但有些结实能力弱的品种，在植株长势弱或已经老化，打掉的老叶过多或受病虫为害，茎叶郁闭，通风透光不良，在肥料、土壤水分等不足的情况下，也易形成尖嘴瓜。

②授粉不完全：授粉后干物质合成量少，营养物质分配不均匀而造成蜂腰瓜、大肚瓜、弯曲瓜。

③条件不良：高温干燥、生长弱或生长不良、各阶段水分供应不均，易发生蜂腰瓜、大肚瓜、弯曲瓜。缺硼会造成蜂腰瓜，缺钾容易蜂腰瓜。

④浇水过多：浇水过多，土壤湿度过大，根系呼吸作用受到抑制，通过呼吸作用释放出来的能量减少，导致根系吸收能力降低。

⑤土壤盐渍化严重：大量使用化肥，土壤含盐量过高导致土壤溶液浓度过高，抑制

了根系对养分的吸收。

（2）解决措施

①环境调控：进入结果期，做好光、肥、水、温的工作，要避免温度过高或过低，不要大水漫灌，要小水勤浇，不要一次施肥过多，要掌握少量多次的原则。结瓜期合理控制温度，正常长势下白天温度28～30℃，夜间13～15℃。

②植株调整：结果期及时绑蔓，及时摘除卷须、黄叶、老叶、根瓜，结果期最好每天摘瓜，保持植株旺盛的长势。如植株生长过旺，适当降低夜温，保持在12～14℃，叶面喷施56%光合菌素1 500倍液。

③科学施肥：控制化肥使用量，增施农家肥，生产实践表明，大量使用农家肥可以表现出良好的丰产特性，还能减少畸形瓜的出现。喷施99%禾丰硼1 500倍+99%果神三号花芽分化剂15 000倍液也可。

④选用结瓜能力强的品种，如密刺系列。

4. 苦味瓜

（1）症状

低温季节栽培黄瓜时，植株下部常会形成苦味瓜，与正常的黄瓜相比，这种瓜味道较苦（图2－234）。

图2－234 苦味瓜

（2）病因

黄瓜苦味的发生是由于瓜内含有一种苦味物质即苦瓜素的缘故。一般存在部位以近果梗的肩部为多，先端较少。苦味有品种遗传性，所以苦味的有无和轻重因品种而不同。同时，生态条件、植株营养状况、生活力的强弱均影响苦味的发生，有时，同一株上的瓜，根瓜较苦，而以后所结的瓜则不苦。如果某品种黄瓜的苦瓜素含量比较高，而在定植前后水分控制过狠，果汁浓度高，苦瓜素含量则比较高，因而吃时显得较苦。此后大量浇水，生长迅速，于是苦味变淡。另外，氮肥多，温度低，日照不足，肥料缺乏，营养不良以及植株衰弱多病等情况下，苦瓜素也易于形成和积累。

（3）防治方法

选用苦味较淡的品种。合理施用各种微量元素肥料，勤灌水，避免水分亏缺。避免低温，高温干旱及光照不足的不良影响。总体来讲，要设法使黄瓜的营养生长和生殖生长、地上部和地下部的生长平衡。

5. 黄瓜裂瓜

（1）症状

黄瓜裂果现象呈现逐渐增多的趋势。病果表现为果面纵向开裂，大部分是从尾端开始开裂的。

（2）病因

①植株控长过于厉害，造成瓜条生长缓慢，瓜皮木质化严重，瓜条吸水后，果肉生长速度大于瓜皮，会造成裂瓜。

②浇水忽干忽湿，土壤长期缺水，而后突然浇水，特别是在高温季节，浇水间隔时间过长，突然浇大水，或长时间的连阴天气，阴后突晴浇水，根系大量吸水，果实内部膨大迅速，而表皮由于质地致密，膨胀速度较慢，导致果皮被涨破，都会造成裂瓜。

③在叶面上喷施农药、营养液时，近乎僵化的瓜条突然得到水分之后更容易开裂。在喷洒农药时，常加入叶面扩散剂，也会造成了裂果。特别是混掺了激素肥料，瓜条急速生长，会造成裂瓜。

④激素使用不当，例如，蘸花浓度过大，或者使用了大量的促进生长的激素型叶面肥等。

⑤植株缺乏硼钙元素。

（3）防治方法

加强温湿度管理，防止高温和干旱，均衡供水，防止土壤过干或过湿，蹲苗后浇水要适时适量，严禁大水漫灌。施用有机肥，促进黄瓜根系发育。

八、植保管理

（一）侵染性病害

1. 霜霉病

（1）危害症状

霜霉病主要发生在叶片上。苗期发病，子叶上起初出现褪绿斑，逐渐呈黄色不规则形斑，潮湿时子叶背面产生灰黑色霉层，随着病情发展，子叶很快变黄，枯干。成株期发病，叶片上初现浅绿色水浸斑，扩大后受叶脉限制，呈多角形，黄绿色转淡褐色，后期病斑汇合成片，全叶干枯，由叶缘向上卷缩，潮湿时叶背面病斑上生出灰黑色霉层，严重时全株叶片枯死。抗病品种病斑少而小，叶背霉层也稀疏（图 2 – 235 至图 2 – 238）。

图 2－235　霜霉病病叶背面

图 2－236　霜霉病病叶正面

图 2－237　发病初期

图 2－238　潮湿时长黑霉

（2）发生条件

高温高湿。

（3）防治措施

①加大通风，降温降湿。

②喷施 90% 三乙膦酸铝可湿性粉剂 400～500 倍液，或用 38% 恶霜嘧铜菌酯 800 倍液，或用 25% 甲霜灵可湿性粉剂 800 倍液，或用 68.75% 氟菌霜霉威 1 200倍液，或用 70% 烯酰霜脲氰水分散粒剂 1 500倍液，或用 64% 杀毒矾可湿性粉剂 600 倍液，或用 70% 乙膦铝锰锌可湿性粉剂 500 倍液。

③叶片的正反面都须喷洒药液。

2. 灰霉病

（1）危害症状

黄瓜灰霉病多从开败的雌花开始侵入，初始在花蒂产生水渍状病斑，逐渐长出灰褐色霉层，引起花器变软、萎缩和腐烂，并逐步向幼瓜扩展，瓜条病部先发黄，后期产生白霉并逐渐变为淡灰色，导致病瓜生长停止，变软、腐烂和萎缩，最后脱落。叶片染病，病斑初为水渍状，后变为不规则形的淡褐色病斑，边缘明显，有时病斑长出少量灰褐色霉层。高湿条件下，病斑迅速扩展，形成直径 15 ~ 20mm 的大型病斑。茎蔓染病后，茎部腐烂，瓜蔓折断，引起烂秧（图 2 - 239）。

图 2 - 239　灰霉病病叶和病果

（2）发生条件

低温高湿。

（3）防治措施

①田间铺设秸秆以利于吸湿。

②及时清除病株残体，病果、病叶、病枝等。

③喷施 50% 腐霉利 1 500倍液或 50% 异菌脲 1 000倍液，或喷施 50% 农利灵可湿性粉剂 1 500倍液，50% 代森锌 500 倍液，50% 敌菌灵 600 倍液。

④结合烟剂烟熏，10% 速克灵烟剂或 20% 灰核一薰净熏治，每亩用药 250g。

3. 靶斑病

（1）危害症状

黄瓜靶斑病又称“黄点子病”，起初为黄色水浸状斑点，直径约 1mm。发病中期病斑扩大为圆形或不规则形，易穿孔，叶正面病斑粗糙不平，病斑整体褐色，中央灰白

图 2 - 240　靶斑病病叶

色、半透明。后期病斑直径可达10～15mm，病斑中央有一明显的眼状靶心，湿度大时病斑上可生有稀疏灰黑色霉状物，呈环状（图2－240）。

（2）发生条件

高湿或通风透气不良。

（3）防治措施

喷施25%吡唑醚菌酯乳油1 000倍液，或喷施33.5%喹啉铜悬浮剂1 500倍液，或喷施20%硅唑·咪鲜胺2 000倍液，或喷施20%噻菌铜悬浮剂1 000倍液。

4. 角斑病

（1）危害症状

发病初期，在叶片上出现极小的茶色小点，小点逐步扩大，变为黄褐色，形成不规则的多角形病斑。这时，病斑周围黄变，形成黄色晕环。然后，病斑逐渐变成白色，脆而易碎。该病为细菌性病害（图2－241）。

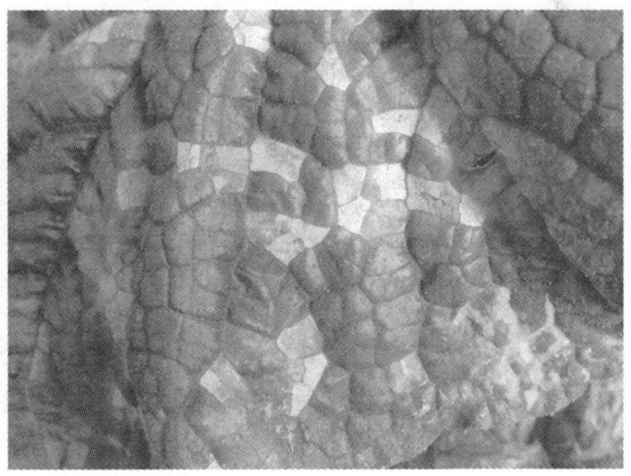

图2－241　受害叶片

（2）发生条件

湿度大。

（3）防治措施

①加大通风，降低湿度。

②喷施3%噻霉酮可湿性粉剂1 500倍液配加70%琥胶肥酸铜可湿性粉剂1 000倍液，或喷施47%加瑞农（春雷氧氯铜）可湿性粉剂500～800倍液。

5. 白粉病

（1）危害症状

黄瓜白粉病俗称“白毛病”，以叶片受害最重，其次是叶柄和茎，一般不危害果实。发病初期，叶片正面或背面产生白色近圆形的小粉斑，逐渐扩大成边缘不明显的大片白粉区，布满叶面，好像撒了层白粉。抹去白粉，可见叶面褪绿，枯黄变脆。发病严重时，叶面布满白粉，变成灰白色，直至整个叶片枯死。白粉病侵染叶柄和嫩茎后，症状与叶片上的相似，唯病斑较小，粉状物也少。在叶片上开始产生黄色小点，而后扩大发展成圆形或椭圆形病斑，表面生有白色粉状霉层。一般情况下部叶片比上部叶片多，叶片正面比背面多。霉斑早期单独分散，后联合成一个大霉斑，甚至可以覆盖全叶，严重影响光合作用，使正常新陈代谢受到干扰，造成早衰，产量受到损失（图2－242）。

图2－242　感病叶片

（2）发生条件

高温干旱。

（3）防治措施

①合理控制温度，发生白粉病后，尽可能降低温度。

②做到供水及时，小水勤浇。

③平常喷施5.5%壳聚糖（植物生长复壮剂）300倍液增强抗病能力，发病初期喷施25%苯甲丙环唑乳油3 000倍液或25%粉力克1 500倍液或70%硫磺·甲硫灵可湿性粉剂600倍液。

6. 黑星病

（1）危害症状

黄瓜黑星病又叫疮痂病，黄瓜的叶、茎、瓜条以及生长点均可受害。叶片感病时出现圆形病斑，直径1～2mm，大斑5mm左右，淡黄色，薄而脆，易穿孔脱落，幼叶感病时病斑常呈星状开裂；茎感病时，病斑呈圆形或梭形，淡黄褐色，稍凹陷，有胶状物溢出；幼瓜感病，初发生时为褪绿色小斑点，并溢出透明胶状物，不久变成黄褐色。幼瓜受害后从病部停止生长，从而形成畸形瓜，严重时瓜条腐烂；生长点受害时发生萎蔫变褐，2～3天烂掉。

（2）发生原因

真菌病害，病菌随病残体在土壤中越冬，靠风雨、气流、农事操作传播。种子可以带菌。冷凉多雨，容易发病。一般在定植后到结瓜期发病最多，温室温室最低温度低于10℃，相对湿度高于90%时容易发生（图2－243、图2－244）。

（3）防治措施

①冬季做好保温排湿工作；

②发病初期喷施25%苯醚甲环唑1 500倍液，或70%甲基硫菌灵800～1 000倍液配加70%硫磺·甲硫灵800倍液。

图 2－243　危害叶片症状

图 2－244　危害果实症状

7. 病毒病

（1）危害症状

植株上部叶片沿叶脉失绿，并出现黄绿斑点，逐渐全株黄化，叶片皱缩向下卷曲，节间短，植株矮化、枯死。后期花冠扭曲畸形，大部不能结瓜或瓜小而畸形。苗期 4～5 片叶时开始发病，新叶表现明脉，有褪色斑点，继而花叶，有深绿色疱斑，重病株顶叶畸形鸡爪状，病株矮化，不结瓜或瓜表面有环状斑或绿色斑驳，皱缩、畸形（图 2－245）。

图 2－245　受害叶片

（2）发生原因

高温干旱有利于病毒发生，黄瓜自根苗发病重，苗期管理粗放，缺水，地温高，秧苗生长不良，晚定植，苗大均加重发病，水肥不足，光照强，白粉虱、烟粉虱等害虫多的地块病重。

（3）防治措施

①培育壮苗，增强抗病力。

②尽量嫁接，以减少病毒发生率。

③及时消灭白粉虱等害虫，切断传播途径。

④发现病株及时拔除，在原地撒石灰消毒。

⑤喷施5.5%甲壳素（植物生长复壮剂）600倍液增强抗病毒能力，喷施20%盐酸吗啉胍铜1 500倍液，或喷施2%香菇多糖600倍液，或喷施8%氨基寡糖500倍液，配加铁、锌微量元素防治。

（二）非侵染性病害

1. 黄瓜闪苗田间症状

（1）田间症状

由于环境的骤然变化，造成叶片萎蔫、水浸状的失绿，并伴随着出现白斑，随着病情的发展，叶片失水，干枯，整个叶片完全失去生命力，严重的时候整株枯死，如图2－246所示。

图2－246　植株受害状

（2）发生原因

常常发生在连续阴雨天，晴天后见光通风太急造成。

（3）防治方法

在连续阴、雪后，天气骤晴，切不可同时、全部揭开草苫，应陆续间隔揭开。中午阳光强时可将部分草苫放下，菜农称这种操作为“回苫”，这样重复几次，下午阳光稍弱时再揭开。这是因为在不良天气条件下，植株处于饥寒交迫的状态，生理活动微弱，天气转晴后，植株要有一个适应过程，如果光照突然增强，叶片大量蒸腾水分，根系吸收的水分不能补充消耗，会导致植株萎蔫甚至死亡。同时，还要注意，当温度提高后要于中午适当通风，在降温的同时，可释放出温室内积累的有害气体。

2. 黄瓜低温高湿综合征

（1）受害症状

幼苗低温危害、叶片边缘黄化甚至全叶变黄、叶片小而稀少、节间变短，有时候叶片皱缩，或植株生长不整齐，有时候植株根系受害、叶片小而上卷（图2－247，图2－248）。

（2）发生原因

一是由于温室的建设不合理，保温性能差，加上管理粗放，形成长期的低温高湿环境，在这样的温室内栽培黄瓜，往往出现多种生长异常现象；二是植株根系受害；三是

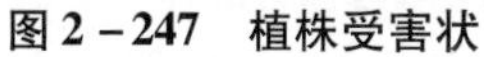

图 2－247 植株受害状

图 2－248 植株受害状

有害气体为害；四是土壤盐渍化等。

（3）防治方法

①建造高标准温室：最根本的解决措施就是严格按要求设计、建造保温性能良好的高标准冬用型日光温室，在严冬季节，在不采取任何加温措施的条件下，可生产各种果菜类蔬菜。温室过宽、后屋面过短、后屋面仰角过小、后墙过薄等均会降低温室的采光和保温性能。

②提高管理水平：进行精细管理，采用大小行栽培方式，在小行间覆盖地膜，实行膜下浇水，按要求施肥、中耕、整枝、采收，不能一味凭感觉浇大水、施大肥，为保温而不通风。

3. 黄瓜氨气受害

（1）症状

黄瓜发生氨气为害，多从下部叶片显症，轻者叶缘略褪绿，叶片出现小型褪绿斑。重者叶缘焦枯，叶脉之间的叶肉形成大型白色枯斑。氨气从叶片的气孔进入，一般受害部位初期呈水浸状，干枯时是暗绿色、黄白色或淡褐色，叶缘呈“灼伤”状。由于叶缘坏死，叶片扩展受到抑制，后期容易形成匙形叶，坏死部位则变褐干枯。（图 2－248）。

（2）病因

①温室中使用了挥发性强的氮肥，例如，碳铵，还有硫酸铵或者尿素的冲施肥或者复合肥，用肥量过大，土壤呈碱性，直接产生的氨气危害作物。

②使用了没有充分腐熟的鸡粪，产生了氨气。

③以上两种原因在温度较高，土壤肥沃的条件下，这一过程很快，不会造成很大的损失。根据天气情况不同，这种气害通常不是在施肥后马上出现，而是在施肥后 3～5 天才出现症状，晴天温度高的时候，1～2 小时就会导致植株死亡，出现症状后，即使立即通风，也不能马上控制病情发展。

（3）防治方法

①科学施肥。日光温室黄瓜施肥，应以优质的充分腐熟的有机肥为主，不要在温室内堆沤可能产生大量氨气的肥料，如生鸡粪、生饼肥等。不要将能直接或间接产生氨气

的肥料撒施在地面上，追施尿素、碳酸氢铵和硫酸铵时，每次的施用量不要过大，应少施勤施，每次每亩地施肥量不应超过 20kg，并应开沟深施，施后用土盖严，及时浇水。鸡粪、牛粪、饼肥等有机肥一定要充分腐熟后方可施用。

②低温季节不施用尿素和碳酸氢铵。冬季和早春不宜在棚室内施尿素和碳酸氢铵。如前所述，施入土壤中的氮肥，不论是有机态还是无机态，都需要在土壤微生物的作用下，经历一系列的转化，最终变为硝酸态供黄瓜吸收利用。尿素属于有机态氮肥，首先要在脲酶的作用于转化为碳酸氢铵，再转化为亚硝酸态，而后变为硝酸态。这一转化过程的时间长短，在很大程度上取决于温度条件，低温会严重抑制这一转化过程，所以，要减少氨气危害，除了正确施肥之外，还要大量补充有益菌。

③检查氨气浓度。在早晨用 pH 试纸（试剂商店有售）蘸取棚膜水滴，然后与比色卡比色，读出 pH 值，当 pH 值大于 8.2 时，可认为将发生氨气为害，应立即通风，排除氨气。

④补救措施。发生氨气为害后，立即通风换气。但通风并不能彻底消除氨害，因施肥产生的氨害，需要经过 15 天左右，才会慢慢消失。在植株受害尚未枯死时，去掉受害叶，保留尚绿的叶，放风排出有害气体后，加强肥水管理，还可慢慢恢复生长。另外，在叶的反面喷洒 1% 食醋溶液，均有明显效果。

4. 黄瓜亚硝酸危害

（1）症状

主要危害叶肉，一般追肥 10 多天后出现危害症状。亚硝酸气体从叶片气孔侵入叶肉组织，破坏叶绿素，气孔附近的叶肉出现水浸状斑纹，经 2 ~ 3 天漂白成不规则形斑点，受害部位下陷，与健康部位界限分明，以叶缘和叶脉间的叶肉受害最重。严重时，除叶脉外全部叶肉漂白致死，受害叶片一般为中部活力较强的叶片。叶片其他健康的部位会继续生长，但由于病部叶肉死亡，叶片会发生扭曲（图 2 - 249）。

图 2 - 249 叶缘形成枯边

（2）病因

温室内积累的亚硝酸气体是从土壤中挥发出来的，出现这种现象的直接原因是土壤中施用了过量的氮肥，土壤酸化，土壤温度偏低或过高，地温急剧变化，土壤微生物活动较弱，亚硝酸转化为硝酸的过程受阻，亚硝酸态氮就会变得不稳定而释放出亚硝酸气体。如果亚硝酸气体浓度达到 2mL/L 时，黄瓜就会出现受害症状。由于连作温室的土壤里存在着大量的反硝化细菌，所以，通常在老的温室里才有亚硝酸气体为害。

（3）防治方法

①通风换气。发现有害气体危害，要立即进行通风换气，排出有害气体，以减轻植株受害程度。

②水肥管理。一次施氮肥不要过多，同时，要和磷、钾肥混合施用。多施充分腐熟的有机肥作底肥，并与土壤混匀。

③ 改良土壤。利用温室夏季空闲时间，向土壤中混入稻草和其他未腐熟的秸秆，在改良土壤，减轻土壤酸化的同时，可增加硝化细菌的数量，避免了亚硝酸在土壤中积累。连作多年的温室内的土壤一般会酸化，应施用适量的石灰调节土壤酸碱度，同时，还可起到补充钙元素的作用。

5. 二氧化硫危害

（1）症状

结果正常，底部至中部叶片边缘出现褐色小点，甚至整个叶缘全部变褐，并且呈水浸状程度发展，叶脉之间的叶肉变白（图 2－250）。

图 2－250　植株受害状

（2）病因

二氧化硫为害。二氧化硫主要为害叶片，遇水或空气湿度大时，会转化为亚硫酸及硫酸，能随空气一起从叶片的气孔进入叶肉，对植物体造成毒害。受害叶片在气孔部位呈现斑点，严重时整个叶片呈水浸状，并逐渐褪绿。二氧化硫浓度达到一定程度，敏感的蔬菜 3～5 天出现受害状，不很敏感的蔬菜可能 7 天左右出现受害症状。二氧化硫来源于生鸡粪和生饼肥分解时释放的有害气体。如果放风不及时，再加上适宜作物光合作用的环境条件、充足的水分供应、湿度较高有利于气孔开放及二氧化硫转化为亚硫酸和硫酸，使二氧化硫为害加重。

（3）防治方法

①在第一次采摘果实时开始进行追肥，要根据蔬菜需肥特点进行追肥，并且一次性用量不能过大，且撒施均匀。②因施肥过多，造成植株烧根时，要及时适量浇水，缓解害情。③松土、放风，发现棚内出现气害时，要及时松土，使有害气体尽快释放。④加强通风，连阴天也要放风，一是早晨揭棚时放风，棚内有害气体含量较大，通过放风，将有害气体放出，降低棚内湿度，减轻病害；二是中午棚内温度高时，延长放风时间，将有害气体浓度降到最低限度。

6. 黄瓜叶片生理积盐

（1）症状

常常发生在温室早春栽培黄瓜上，上午8:00～9:00，黄瓜植株叶片表面的水膜和水珠蒸发后，叶片的边缘出现白色盐浸，盐浸呈开口向外的不规则半圆形（图2－251）。

（2）病因

化肥使用量过大，导致土壤的盐分浓度提高，黄瓜植株吸收后，盐分随着植株汁液流动到叶片边缘水孔处，黄瓜叶片有吐水现象，盐分随着流出叶片，日出后，温度升高，叶片表面水分蒸发，盐分沉积下来，形成白色盐浸。

（3）防治方法

科学施肥，减少化肥使用量，增施农家肥，发现症状后及时浇水缓解。

7. 黄瓜百菌清烟剂为害

（1）症状

主要受害部位是黄瓜的叶片，先从叶片边缘出现病斑，逐渐向内部发展，导致大叶脉间叶肉失绿、白化（图2－252）。

图2－251　植株受害状

图2－252　叶片受害状

（2）病因

烟剂燃放点少或过于集中，使燃放点附近烟雾浓度过高，或烟剂用量过大，均会使黄瓜受害。

（3）防治方法

①正确确定燃放点数量。在相同有效用药量的条件下，使用有效成分含量低（30%、20%、10%）的烟剂时，分成的燃放点可少些，一般每亩分为5～6个燃放点。使用有效成分含量高的烟雾剂时，每亩分为7～10个燃放点。

②正确确定烟剂类型。中棚、小棚因较矮小，应选择有效成分含量低的药剂。

③正确确定用药量。一般棚室使用30%的百菌清烟雾剂时，1次用量为每亩300～400g。

④正确确定用药次数。每7～10天1次，连用2～3次。如在两次使用烟剂的中间，选用另外一种杀菌剂进行常规喷雾防治，则效果更佳。

⑤正确确定使用时期。以阴雨天以及低温的冬季使用效果最好。

8. 黄瓜缺钙症

（1）症状

新生叶变小，向上卷曲呈匙或勺状。成龄叶片向内侧卷曲，呈“降落伞状”。多数叶脉间失绿，主脉尚可保持绿色。有时上位叶叶缘镶金边，叶间出现白色斑点。植株矮化，节间短，顶部节间变短明显，幼叶有时枯死。严重缺钙时，叶片变脆，易脱落。植株从上部开始死亡，死组织灰黑色。花比正常的小，果实也小，风味差（图2－253）。

图2－253　叶片呈勺状

（2）病因

①根系发育不良。盛果期遇到寒流、阴雪天等天气，造成地温下降，根系吸收功能下降，植株蒸腾作用受到阻碍，会引发缺钙。如果根系老化，毛细根少，钙素吸收会受阻。

②激素失调。黄瓜进入开花坐果期之后，光合产物以及植株顶部生长点部位产生的内源激素向根部的输送量减少，根系短期生长受阻，生理活性下降，导致吸收障碍，也会导致短期的钙吸收障碍。

③土壤营养障碍。酸性土壤会缺钙，或由于土壤干旱，土壤溶液浓度高，阻碍植株

对钙的吸收；空气湿度小，蒸发快，补水不足时易产生缺钙。

（3）防治方法

①土壤补钙。通过土壤诊断可了解钙的含量，如不足，可在普施腐熟有机肥，磷、钾肥的基础上，增施海洋生物活性钙肥、过磷酸钙、硝酸钙等含钙肥料。酸性土壤宜增施石灰，每年每亩用量为50kg，石灰肥要深施，使其分布在根层内，以利吸收。

②掌握好氮钾肥用量。铵离子和钾离子两者与钙离子之间有拮抗作用，土壤中铵离子、钾离子含量过高以及“氮钙比”过高时，均会抑制钙的吸收。因此，应适当控制氮、钾肥的使用量，进行科学施肥，避免出现氮、钾肥过高的现象。

③增施有机肥。有机肥含有丰富的有机质和多种营养元素，是一种完全肥料，对改良土壤、培肥地力具有独特的作用。也可增施腐殖酸、微生物类的肥料，促根养根，增强根系活性，还可用生根剂灌根。施肥的同时，要适时灌溉，保证水分充足。

④叶面喷肥。缺钙的应急措施是用0.3%的氯化钙水溶液喷洒叶面，也可选择氨基酸钙、腐殖酸钙、生物钙肥等，在吸收钙的高峰期喷施。还可把钙肥和其他肥料复配后叶面喷施，如喷201μg/克萘乙酸+钙肥溶液+防治细菌性药剂（不要选用铜制剂），既补钙，又刺激生长，还能预防病害。适量补施硼肥，硼可促进叶片制造的碳水化合物向根中输送，促发新根，有利于钙的吸收，因此，在叶面喷钙时可掺入适量的硼肥。

在出现缺钙症状前也可补钙，增加钙素营养，能有效地预防因缺钙而引起的各种生理病害。提高产量，增进品质，钙能促进根系吸收、细胞分裂，促进碳水化合物和蛋白质的合成，因此，钙的充足供应对获得高产优质的栽培效果十分有利。

【小资料】

趣话黄瓜

黄瓜是汉朝张骞出使西域时带回中原的，当时的中原人将汉族以外的部落（主要指北方及西域的游牧民族）统称为“胡人”，因此，这种瓜就被称为“胡瓜”。胡瓜更名为黄瓜，始于后赵。后赵王朝的建立者石勒，本是入塞的羯族人。他在襄国（今河北邢台）登基做皇帝后，十分忌讳汉人称“胡”字，认为这是种歧视，于是就下令全国：凡是说话及写文章，均不得出现“胡”字，违者问斩。有一次，石勒召见地方官员，看到襄国郡守樊坦穿着破破烂烂的衣服，他非常吃惊，问道：“樊参军怎么穷成这个样子，连像样的衣服都没有?”樊坦是个直性子，就实话实说道：“都是那帮胡贼无道，把我的衣服都抢走了。”话音刚落，樊坦就意识到自己犯了禁，吓得连连叩头谢罪。石勒看他一介老书生，又自知有罪，就没有怪罪，反而笑着赐给了他车马衣物。

过了一会儿，群臣接受“御赐午膳”时，石勒忽然指着一盘胡瓜问樊坦道：“卿可知此物名否?”樊坦心知肚明，却不敢直言无讳，他灵机一动，用四句诗答道：“紫案佳肴，银杯绿茶，金樽甘露，玉盘黄瓜。”石勒一听，哈哈大笑。从此，黄瓜一词就开始定型并得以流传。

看来，有时物品的命名与避讳有关，不叫胡瓜，只得另起一个名字，叫黄瓜了。

黄瓜，有药用价值。明朝李时珍的《本草纲目》中载："黄瓜气味甘寒，清热解渴，利便。"黄瓜的瓜、叶、藤、根均可入药。叶子和藤，具有清热、利尿、除湿、滑肠、镇痛等功效。据载，近年发现黄瓜藤有明显直接扩张血管、减慢心率和降压作用，无不良反应。人们用黄瓜汁作美容剂，进行清洁皮肤，以达舒展皱纹之目的。民间常用一条黄瓜切开，用醋煮烂，空腹吃下，治疗胀肚；老黄瓜一条水煮服，治疗水肿；用黄瓜藤煎成汤代茶，可以治疗高血压。

相传，清朝康熙帝患有下肢水肿病，久治不愈，在微服私访时，由于口渴吃了小童卖的黄瓜，连吃几天，直到第七天，康熙惊喜发现，多年下肢水肿病，竟不药而愈了。此说纯属传说无处可查，但黄瓜利水之功效，则是医家所共识的。

第五节　西葫芦

西葫芦属于葫芦科，南瓜属，又名搅瓜、白南瓜、角瓜、美洲南瓜、茭瓜、白瓜、番瓜、笋瓜、洋梨瓜。原产北美洲，明末清初传入我国，属喜温作物。西葫芦的生长势较强，对低温的适应性较好，很多早熟品种生长快，结果早，在我国露地瓜类生产中是上市最早的蔬菜，是温室蔬菜栽培的主要品种。食用部位主要是嫩瓜、老熟瓜或成熟的种子。西葫芦含有维生素 C、维生素 A、葡萄糖等营养物质，尤其是钙的含量极高。不同品种每 100g 可食部分（鲜重）营养物质含量：蛋白质 0.6～0.9g，脂肪 0.1～0.2g，纤维素 0.8～0.9g，糖类 2.5～3.3g，胡萝卜素 20～40mg，维生素 C 2.5～9mg，钙 22～29mg。中医认为西葫芦具有清热利尿、除烦止渴、润肺止咳、消肿散结的功能，可用于辅助治疗水肿腹胀、烦渴，疮毒以及肾炎、肝硬化腹水等症，具有减肥、抗癌防癌的功效有润泽肌肤的作用。西葫芦籽的热量较高，蛋白质，铁和磷含量丰富，属于低嘌呤、低钠食物，对痛风、高血压病人有重要功效，糖尿病患者可以多食、常食。脾胃虚寒者应少吃。

一、生物学特性

（一）植物学特性

1. 根

西葫芦是广根系作物，根系入土浅，但分布面积大，主要根系分布在 20～30cm 的土层中（图 2－254）。

2. 茎

西葫芦的茎为半直立茎，茎上有棱沟，有短刚毛和半透明的糙毛，大多数西葫芦的主蔓生长优势强，侧蔓发生少而弱。（图 2－255）

3. 叶

西葫芦的叶片质硬，挺立，三角形或卵状三角形，先端锐尖，边缘有不规则的锐

图 2－254　西葫芦的根系

图 2－255　西葫芦的茎

齿，基部心形，弯缺半圆形（图 2－256）。

图 2－256　西葫芦的叶片

图 2－257　西葫芦的花

4. 花

西葫芦雌雄同株。雄花单生，花梗粗壮，有棱角；雌花子房卵圆形，花柱短，柱头开裂。花单生于叶腋，鲜黄或橙黄色（图 2－257）。

5. 果实

西葫芦果实为瓠果，形状有圆筒形、椭圆形和长圆柱形等多种（图 2－258）。

图 2－258　西葫芦果实

（二）生长发育过程及其特性

1. 西葫芦的生长发育过程

西葫芦的生长发育过程有一定的阶段性和周期性，可分为发芽期、幼苗期、开花坐果期和结果期四个阶段。

①发芽期：从种子萌发至第一真叶出现。在温度等适宜条件下，需 5～6 天。

②幼苗期：第一片真叶出现至植株长出充分展开 3～4 片真叶，通常 25 天左右。

③开花期：3～4 片真叶至根瓜坐瓜，从幼苗定植、缓苗到第一雌花开花坐瓜一般 20～25 天。

④结果期：第一瓜坐瓜坐住至拉秧。

2. 长势判断

西葫芦各个生育期正常长势，见图 2－259 至图 2－264。

图 2－259　育苗期正常长势

图 2－260　缓苗后正常长势

图 2－261　生长前期正常长势

图 2－262　生长中期正常长势

图 2－263　结瓜期正常长势

图 2－264　生长后期正常长势

（三）西葫芦对环境条件的要求

1. 温度

西葫芦对温度有较强的适应性，既有喜温的特点，又具有一定的耐低温特点。生长期最适宜温度为 20～25℃，15℃以下生长缓慢，8℃以下停止生长。30℃以上生长缓慢并极易发生病害。种子发芽适宜温度为 25～30℃，13℃可以发芽，但很缓慢；30～35℃发芽最快，但易引起徒长。开花结果期需要较高温度，一般保持 22～25℃最佳。

2. 光照

光照强度要求适中，较能耐弱光，但光照不足易引起徒长。光周期方面属短日照植物，长日照条件下有利于茎叶生长，短日照条件下结瓜较早。

3. 水分

虽然西葫芦本身的根系强大，有较强的吸水能力，但是由于西葫芦的叶片大，蒸腾作用旺盛，所以在种植时要适时浇水灌溉，缺水易造成落叶萎蔫、落花落果。但是，水分过多时，又会影响根的呼吸，进而使地上部分出现生理失调。

4. 湿度

喜湿润，不耐干旱，特别是在结瓜期土壤应保持湿润，才能获得高产。高温干旱条件下易发生病毒病；但高湿也易引发霜霉病。

西葫芦各个生育期要求适宜温度和土壤湿度，见表2－11。

表2－11　西葫芦各个生育期要求适宜温度和土壤湿度表

时期	白天温度（℃）	夜间温度（℃）	土壤湿度（%）
播种至出土	25～28	15℃～17℃	85
出土至定植	23～25	10～12	60
定植至缓苗	25～28	15～17	85
缓苗至开花	20～25	10～12	55
结瓜前期	23～25	10～14	80
盛瓜期	25～28	12～14	60～80
生长后期	24～26	10～12	55～60

二、茬口安排

目前，温室栽培的主要茬口有越冬一大茬栽培、秋延迟栽培和早春茬栽培。越冬一大茬栽培的定植时间一般在10月中旬至11月初，秋延迟栽培的定植时间一般在9月底至10月初，早春茬栽培的定植时间一般在12月上旬前后。

三、品种选用

（1）恺撒

法国原装进口种子。植株长势旺盛，茎秆粗壮，株形比较紧凑，叶片大而厚，带瓜力强，瓜长22～24cm，粗6～8cm，单瓜重300～500g，瓜色翠绿，商品性极好；产量高，抗逆、抗白粉病，单株收瓜可达35个以上，亩产超过15 000kg。

（2）法拉利

植株长势旺盛，茎秆粗壮，叶片大而厚，耐低温弱光好，带瓜力强，瓜长26～28cm，粗6～8cm，单瓜重300～400g，瓜条长，瓜形稳定，膨瓜快，耐存放，瓜皮光滑细腻，油亮翠绿，商品性好；春节后返秧快，产量高，抗逆、抗白粉病，单株收瓜可达35个以上，亩产超过15 000kg。

（3）碧洛特－18

生育期长，采瓜期可达200天，瓜长26～28cm，粗6～8cm，单瓜重300～400g，可周年种植，前期耐热抗病，深冬耐寒、长势强劲，后期不早衰。抗白粉病，耐花叶病毒病，平均单株连续坐果35个以上，亩产超过1 5 000kg。

四、育苗关键技术

（一）种子处理

参照番茄种子处理

（二）营养土配制

西葫芦育苗普遍采用的育苗方式是营养钵和穴盘育苗。由于西葫芦根系大，所以，要有足够大的营养面积，因此，建议最好用营养钵方式来育苗。

营养钵的营养土配制：西葫芦育苗一般选用10cm×10cm或10cm×12cm的营养钵，每1 000个钵的营养土中加入30kg充分腐熟晒干的牛粪、马粪等，要避免使用未经充分腐熟的粪肥配制营养土，也可以直接使用成品有机肥，每千钵营养土中加入8～10kg有机肥（芽孢蛋白有机肥或阿维蛋白有机肥等），再加入3～4kg促进种子萌发和根系生长的营养肥——肽素活蛋白。

（三）育苗流程

将营养土拌匀后装营养钵并整齐排放在育苗畦内。苗床灌大水浇透，待水完全渗下后，用56%甲硫恶霉灵1 500倍喷洒苗床，用竹签在营养钵中间打播种穴，直径和深度为约2cm×1cm，之后把种子平放在播种穴内（一个营养钵放一粒种子），播种后撒1.5～2cm厚的覆土，覆土最好选择无病菌的大田土，覆土厚度不可过薄或过厚，过薄容易使苗床落干并出现带壳出苗现象，过厚易造成延迟出苗并闷种、烂种。覆土撒施完毕后苗床覆盖白色地膜（图2－265至图2－274）。

图2－265　将营养土拌匀

图2－266　装钵

（四）出苗期管理

①播种后待50%以上小苗露头，即可揭去地膜。

②合理控制温度。出苗前白天温度28～30℃，夜间15～18℃，出苗后白天温度24～27℃，夜间12～14℃，避免因夜温过高而形成“高脚苗”。

③保持苗床湿度，如苗床过干出现子夜卷曲等缺水现象时，可以在苗床适量喷洒清水。

图 2－267　将装好的营养钵排放到育苗畦

图 2－268　育苗畦内放大水浇透营养钵

图 2－269　水渗下后苗床喷施恶霉灵

图 2－270　在营养钵中间打播种穴

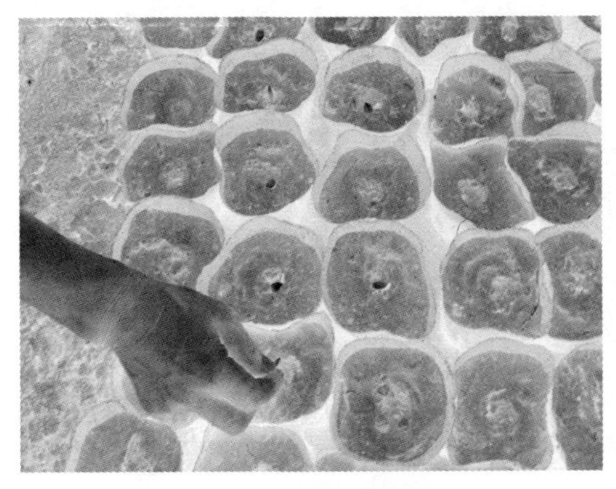

图 2－271　将种子平放在播种穴内

图 2－272　覆土选择干净大田土搓细

图 2－273　均匀撒施覆土

图 2－274　苗床覆盖白色地膜

（五）苗期易出现的问题

1. 优质秧苗标准（图 2－275）

①苗龄期 30 天左右，嫁接苗为 40 天。

②幼苗两叶一心，秧苗高 20cm 左右。

③茎粗，子叶平展，真叶较大，无病斑。

④根系完整，白色无病变。

图 2－275　正常长势苗

图 2－276　覆土过薄导致带壳出苗

2. 西葫芦幼苗戴帽出土

（1）症状

幼苗出土后子叶上的种皮不脱落，俗称“戴帽”（或“带帽”）。“戴帽”苗子叶被种皮夹住不能张开，直接影响子叶的光合作用，也易损坏子叶。由于子叶是此时进行光合的唯一器官，所以，“戴帽”出土现象往往导致幼苗生长不良或形成弱苗（图 2－276）。

（2）病因

造成“戴帽”出土的原因很多，如种皮干燥；播种后所覆盖的土太干，致使种皮变干；覆土过薄，土壤挤压力小；出苗后过早揭掉覆盖物或在晴天中午揭膜，致使种皮在脱落前变干；地温低，导致出苗时间延长；种子秕瘦，生活力弱等。

（3）防治方法

①精细播种：营养土要细碎，播种前浇足底水。浸种催芽后再播种，避免干籽直播。在点播以后，先全面覆盖潮土7mm厚，不要覆盖干土，以利保墒。不能覆土过薄，且覆土厚度要均匀一致。在大部分幼苗顶土和出齐后分别再覆土1次，厚度分别为3mm和7mm。覆土的干湿程度因气候、土壤和幼苗状况而定。第一次，因苗床土壤湿度较高，应覆盖干暖土壤，第二次为防戴帽出土，以湿土为好。

②保湿：必要时，在播种后覆盖无纺布、碎草保湿，使床土从种子发芽到出苗期间始终保持湿润状态。幼苗刚出土时，如床土过干要立即用喷壶洒水，保持床土潮湿。

③覆土：发现覆土太浅的地方，可补撒一层湿润细土。

④摘“帽”：发现“戴帽”苗，可趁早晨湿度大时，或喷水后用手将种皮摘掉，操作要轻，如果干摘种壳，很容易把子叶摘断，也可等待幼苗自行脱壳。

3. 高脚苗

高脚苗又称为徒长苗（图2－277），其特征是茎、叶柄细长，节间长、叶薄、色淡、子叶早落，下部的叶片往往提早枯黄，根系小。这类秧苗适应性差，定植后生长发育缓慢，产量较低。

由光照不足和温度过高引起的，尤其是夜间温度过高会导致呼吸消耗养分多；此外，还与苗床湿度过高、氮肥偏多有关。预防徒长的措施除了加大通风和增强光照强度外，应注意播种密度不要太大，要增施磷钾肥，控制夜间温度，及时分苗和定植。同时，可喷50%矮壮素2 000～2 500倍液来抑制。矮壮素还能增强秧苗的抗寒性和抗病能力，注意浓度不能过大，否则，易引起菜苗老化。

图2－277　高脚苗

图2－278　老化苗

4. 老化苗

僵化苗、老化苗的特征是：茎细发硬，叶色暗绿，根少色暗。这类秧苗定植后生长缓慢，开花结果迟，结果期短，容易早衰（图2－278）。造成苗子老化的原因是肥多缺水，床土黏重，或配床土用的有机肥没有充分腐熟。

挽救的方法：应对老化苗重点在一个“促”字，打破各种限制营养生长的环境条件以及激素药物的限制，上促提头拔节，下促生根下扎，尽快恢复植株的营养生长。具体做法是：

①提高并稳定棚温，保证水肥供应。提高棚温，尤其是夜间温度，应保持在18～20℃，减小昼夜温差，同时，注意增加水肥供应，提高棚内湿度，土壤湿度控制在70%～80%，使苗子向着营养生长的方向发展。

②用生根剂配合保护性杀菌剂灌根。可用阿波罗963养根素、生根粉等配合杀菌剂连续灌根，为根系生长提供有利环境，促进新生根系的生长、扩展。

③叶面喷施生长促进剂、叶面肥等提头。叶面喷施芸薹素内酯1 500倍液或云大全树果1 500倍液或爱多收6 000～8 000倍液，配合乐多收、芳润等全营养叶面肥，可起到提头长叶的作用。对于药剂控制过度的种苗，可以维持生长合适的温度，适当提高土壤含水量，同时，喷施一些促进生长的调节剂，如赤霉酸、细胞分裂素等，也可以使用芸薹素内酯、爱多收等，促进植株生长。

④一些老化苗会提早出现花蕾（或果实），在定植时要注意及时摘除花蕾（或果实），并尽早定植。

五、土壤管理

（一）正常土壤施肥方案

根据配方施肥的原则，西葫芦的底肥用量，见表2－12。将以下肥料均匀撒施后深翻或旋耕（图2－279）。

表2－12　西葫芦的底肥用量表

用肥种类	腐熟过的粪肥	芽孢蛋白有机肥	复合肥	海洋生物活性钙	精品全微肥
亩用量	15～20m^3	200～300kg	100～150kg	50～75kg	20～30kg
效果特点	长效补充有机质	快速补充有机质、蛋白质	补充氮磷钾大量元素	补充钙镁硫中量元素	补充微量元素
注意事项	必须腐熟	撒施或包沟	选择平衡型	必须施用	必须施用

图2－279　撒施肥料

(二) 土壤改良

土壤改良参见第一章第二节。

六、田间农艺管理

(一) 栽培模式

采用“畦中起垄，地膜覆盖”的作畦方式（图2－280、图2－281）。

图2－280　起垄

图2－281　起好的垄

①在棚内按东西距离为180cm，进行南北画线；

②顺线各起宽50cm，垄高15～20cm的高垄，形成平畦作为操作畦；

③在操作畦内再起两个小垄，高度应略低于操作畦垄高，使两小垄中间的垄沟略宽一些。

(二) 株行距确定

西葫芦种植行距一般是大行80～100cm，小行60～80cm。株距为65～80cm。一般亩栽植1 150～1 200株。

(三) 定植

①确定好株行距后，在垄上开定植穴。

②为快速缓苗，促进根系生长，在定植穴内撒施有机肥料（肽素活蛋白），亩撒施15～20kg，撒施后与土拌匀，准备定植。定植穴内严禁撒施控制生长类药物（图2－282）。

③定植完毕后浇大水，可随水冲施EM菌剂每亩10L，补充有益菌（图2－283、图2－284）。

(四) 定植后管理

1. 合理控温

定植后缓苗前白天温度25～28℃，夜间12～15℃。缓苗后白天25～27℃，夜间8～12℃。

2. 覆盖地膜

覆盖地膜（图2－285）。

图 2－282　定植穴内撒施有机肥料

3. 及时防疫

为防止病害发生，间隔 10～15 天喷施 75% 百菌清 600～800 倍液 2～3 次。浇第二水时每亩地冲施“壳聚糖”（植物生长复壮剂）10L，以提高西葫芦的抗病及抗低温能力。

图 2－283　定植

4. 定植后易发生的病害

（1）有害气体危害

发生的主要原因是底肥中施用未经充分的粪肥，粪肥在分解的过程中产生氨气、二氧化硫等有害气体，对作物造成危害（图 2－286）。

图 2－284　随水冲施 EM 菌剂

应对方法：加大棚室通风，在土壤半干情况下及时浇小水，叶面喷施 0.136% 碧护 15 000倍液。

图 2－285　覆盖白色地膜

图 2－286　有害气体危害

图 2－287　子叶发黄

（2）子叶发黄

发生原因主要是定植时遇到低温天气，或者土壤通透性较差，导致毛细根受损（图 2－287）。

解决方案：及时进行中耕划锄，增强土壤透气性，用 5.5% 壳聚糖（植物复壮剂）400 倍液＋0.136% 碧护 15 000倍液浇灌根部。

（3）抑制生长过度

图 2－288　抑制生长过度

发生原因是育苗的营养土或定植时使用了抑制生长的药物，或是上茬作物上喷施过生长抑制剂，造成土壤中有残留，或者是冲施或喷施过生长抑制剂（图 2－288）。

解决方案：叶面喷施 4% 赤霉酸 1 500倍液＋0.004% 芸薹素内酯 1 500倍液＋52% 优果氮 1 500倍液喷施加灌根。

（五）开花期管理

1. 温度控制

开花期间白天温度 23～27℃，夜间12～15℃。

2. 吊蔓

植株长到8~9叶片时进行吊蔓，每一植株用一根绳，选用抗老化的聚乙烯高密度塑料线或塑料绳，吊绳的下端用活扣固定在植株主茎上或扣系在叶柄上（图2-289、图2-290）。

图2-289 西葫芦吊蔓

图2-290 吊蔓后的西葫芦

3. 生长调控

西葫芦在长到10~13片叶时，要根据其长势来调控营养生长和生殖生长的关系。如果在这个时候，水肥比较充足，夜间温度高的话，西葫芦就可能出现旺长的现象，这就需要喷施生长调控剂来调节。

①旺长指标：叶片大而薄，节间长，叶柄长，幼瓜生长缓慢（图2-291）。

图2-291 旺长

②调控措施：合理控制夜温，如有旺长趋势，夜间温度控制在10~12℃。叶面喷施安全高效的生长调控剂（20%光合菌素1 500倍液），喷施时要进行二次稀释，全株叶面喷施，低温时期避免喷施多效唑类的高残留生长抑制剂。

如果超量使用了生长抑制剂（图2-291），可叶面喷施4%赤霉酸1 500倍液+0.004%芸薹素内酯1 500倍液+52%优果氮1 500倍液，夜间温度适当提高，控制在18~20℃。

4. 点花

西葫芦目前普遍应用的点花方法是抹瓜或喷施免点花药剂（图2-292、图2-293）。

抹瓜操作：选用西葫芦专用保瓜点花药，操作方法：

①选择晴天上午7:00~12:00雌花正值开放时进行抹瓜。

②用毛笔蘸药，在幼瓜身上由瓜把处向花的方向抹一笔即可。

图 2－292　控长过度

图 2－293　点花

③阴雨天或下午不点花。

④抹瓜时，毛笔不可以蘸药过多，避免使药液流到茎秆及叶片上而造成药害。

喷施免点花技术（图 2－294，图 2－295）是近年来新兴的点花方式，此项技术因为省工省时且能大幅降低劳动强度越来越得到菜农的认可。

图 2－294　稀释免点花药

图 2－295　喷施免点花

选用西葫芦专用免点花药剂，使用前要严格按照说明的要求将免点花稀释，下面以“果神二号”免点花为例介绍一下使用方法：

一是首次使用免点花应在西葫芦第二、第三雌花开放时，也就是说棚室里大多数西葫芦已经到了开花期即可使用。

二是将“果神二号”1 瓶（10ml）对水 15kg 稀释（1 500倍液）。

三是喷雾器的喷头处选用小孔喷片，喷施时压力要大，雾化越细喷后效果越好。

四是喷施时喷头与西葫芦生长点要有 0.8～1m 的距离。

五是喷出的药液能落到叶片正面上即可，不可长时间对准一处喷施。

六是喷施时最好选择在晴天的傍晚进行。

七是间隔天数：冬季间隔 10～13 天，春秋季 8～10 天。

注意事项：要严格按照使用说明操作，避免过重发生药害，过轻坐不住瓜。

（六）结瓜期管理

1. 温度控制

坐果期间白天温度25～28℃，夜间12～14℃。

2. 疏瓜

坐瓜后若植株长势正常，每株可同时带3条瓜，一大、一中，一小（刚刚抹过的瓜），掌握下面的大瓜不摘，上面该抹的幼瓜不抹，并把幼瓜去掉，使茎秆上要摘瓜节位与生长点之间的距离保持在15cm左右，低于15cm应多疏瓜，高于15cm的应多留瓜。若瓜秧弱，出现尖头、黄头、黑头瓜时，应及早去掉，并少抹瓜甚至不抹瓜，要冲施生根壮棵剂，补施叶面肥，等瓜秧长势恢复正常后再留瓜（图2－295）。

3. 结瓜期浇水施肥

西葫芦浇水追肥在第一个瓜膨大或即将采摘时进行，但要根据长势和土壤干湿情况决定浇水的时机提前或延后。浇水追肥要注重有机肥和生物菌肥（肽素活蛋白20kg/亩），合理搭配化学肥料（斯沃氮、磷、钾20：20：20或13：7：40大量元素水溶肥10kg/亩或35%蔬乐丰动力钾20kg），尤其在深冬期间，以养护土壤和生根养根为主，要严格控制化学肥料的用量，避免施用过量高氮和激素类的肥料（图2－296）。

图2－296　疏瓜留瓜

图2－297　浇水追肥

七、植保管理

（一）侵染性病害

1. 灰霉病

（1）危害症状

西葫芦灰霉病是真菌性病害。主要危害花、幼果、叶、茎或较大的果实。病菌首先从凋萎的雌花开始侵入，侵染初期花瓣呈水浸状，后变软腐烂并生长出灰褐色霉层，后病菌逐渐向幼果发展，受害部位先变软腐烂，后着生大量灰色霉层；也可导致茎叶发病，叶片上形成不规则大斑，中央有褐色轮纹，绕茎一周后可造成茎蔓折断。幼瓜染病，病菌从开败的花侵入，长出灰色霉层后，直侵入瓜条，造成脐部腐败。被危害的瓜条脐部变黄变软，萎蔫腐烂，病部密生灰色霉层。茎、叶接触病瓜后也可发病，大块腐烂并长有灰绿色毛（图2－298）。

图2－298　西葫芦灰霉病

（2）发生条件

低温，高湿。

（3）防治措施

①地膜进行封闭覆盖，尽量减少水分的向外蒸发。

②及时摘除已开败的残花。

③尽量做到：水前一遍药，水后一遍烟，在浇水之前喷施1次防治灰霉的药剂，可喷施50%腐霉利可湿性粉剂1 500倍液或25.5%异菌脲悬浮剂1 000倍液或10%多氧霉素可湿性粉剂500倍液。在浇水之后结合烟剂烟熏，可用10%速克灵烟剂或20%灰核净烟剂熏治，每亩用药250g。

图2－299　叶片发病

2. 白粉病

（1）危害症状

苗期至收获期均可染病。主要危害叶片，叶柄和茎危害次之，果实较少发病。叶片发病初期，产生白色粉状小圆斑，后逐渐扩大为不规则的白粉状霉斑（即病菌的分生孢子），病斑可连接成片，受害部分叶片逐渐发黄，后期病斑上产生许多黄褐色小粒点（即病菌的子囊壳）。发生严重时，病叶变为褐色而枯死（图2－299）。

（2）发生条件

高温、干旱。

（3）防治措施

①合理控制温度，发生白粉病后，尽可能降低温度。

②做到供水及时，小水勤浇。

③平常喷施5.5%壳聚糖（植物生长复壮剂）300倍液增强抗病能力，发病初期，喷施25%苯甲丙环唑乳油3 000倍液，或喷施25%乙醚酚1 500倍液，或喷施10%苯醚甲环唑800倍液，或喷施70%硫黄甲硫灵1 500倍液。

3. 黑星病

（1）危害症状

危害叶、茎及果实。幼叶初现水渍状污点，后扩大为褐色或墨色斑，易穿孔。茎上现椭圆形或纵长凹陷黑斑，中部易龟裂。幼果初生暗绿色凹陷斑，后发育受阻呈畸形果。果实病斑多疮痂状，有的龟裂或烂成孔洞，病部分泌出半透明胶质物，后变琥珀色块状。湿度大时，上述各病部表面密生黑褐色霉层（图2－300）。

图2－300 危害叶、果实

（2）发生条件

低温、高湿，植株抵抗力差。

（3）防治措施

①合理安排栽培密度，增强田间透风透光。

②冬季做好保温排湿工作。

③发病初期，喷施10%苯醚甲环唑1 500倍液，或喷施25%嘧菌酯1 500倍液，或喷施70%甲基硫菌灵800～1 000倍液。

4. 霜霉病

（1）危害症状

霉霜病从幼苗期至成株期均可发生，以成株期危害严重，主要危害叶片。先在植株下部老叶正面上产生黄色小斑点，背面呈水浸状不规则形病斑，随病害发展病斑逐渐扩大变为黄褐色，多数病斑常连成一片，使全叶发黄枯死（图 2－301）。

图 2－301　危害叶片

（2）发生条件

高温、高湿。

（3）防治措施

①加大通风，降低温度湿度。

②喷施氟菌・霜霉威（687.5g/L）悬浮剂 1 500倍液、72.2% 霜霉威盐酸盐水剂 800 倍液、40% 乙膦铝可湿性粉剂 400 倍液、72% 霜脲・锰锌可湿性粉剂 800 倍液、25% 嘧菌脂胶悬剂 1 500倍液、72% 甲霜灵锰锌 600 倍液。

喷药时正反面都要喷洒药液。

5. 茎基腐病

（1）危害症状

发病初期茎基部出现黄褐色干腐现象，腐烂逐渐加深，直至与根部断开（图 2－302）。

图 2－302　危害症状

（2）发生条件

重茬、连作、土壤败坏。

（3）防治措施

①夏季空闲时期高温闷棚。

②多增施有机肥、生物菌肥，减少化学肥料用量。

③定植后用56%甲硫恶霉灵1 500倍液及时灌根预防。

④发病后，用72%甲霜灵锰锌800倍液+56%甲硫恶霉灵1 500倍液+70%甲基硫菌灵800倍液喷淋茎基部及灌根。

6. 病毒病

（1）危害症状

植株上部叶片沿叶脉失绿，并出现黄绿斑点，逐渐全株黄化，叶片皱缩向下卷曲，节间短，植株矮化。枯死株后期花冠扭曲畸形，大部不能结瓜或瓜小而畸形。或苗期4~5片叶时开始发病，新叶表现明脉，有褪色斑点，继而花叶，有深绿色疱斑，重病株顶叶畸形鸡爪状，病株矮化，不结瓜或瓜表面有环状斑或绿色斑驳，皱缩、畸形（图2－303）。

图2－303　植株受害状

（2）发生条件

高温、干旱、强光、缺铁、缺锌。

（3）防治措施

①培育壮棵，提高抗病能力。

②风口处加防虫网，防止白粉虱等害虫进入且缓和干热风直吹进棚。

③叶面喷施16%优果锌1 500倍液、98%禾丰铁1 500倍液微量元素叶面肥。

④发病后及时拔除病株，并在发病处撒施石灰杀菌消毒。

⑤及时喷施抗病毒药剂：8%宁南霉素800倍液，或用20%盐酸吗啉胍·铜（病毒A）可湿性粉剂1 500倍液。

7. 溃疡病

（1）危害症状

初染病时，病斑与健全组织交界处呈水浸状，病情扩展时，组织坏死或流胶，随后逐渐腐烂（图2－304）。

图2－304　感病症状

（2）发生条件

高湿。

（3）防治措施

①加大通风，降低湿度。

②喷施3%噻霉酮可湿性粉剂1 500倍液＋70%琥胶肥酸铜可湿性粉剂1 000倍液，或喷施47%加瑞农（春雷氧氯铜）可湿性粉剂500～800倍液。

③西葫芦果实采摘后发现茎部流胶，可用47%加瑞农（春雷氧氯铜）可湿性粉剂原药涂抹。

（二）非侵染性病害

1. 畸形瓜

（1）发病症状

在棚室西葫芦的栽培中，因天气影响、管理措施、肥水失调以及授粉不良等不利因素的影响，常常出现尖嘴、大肚、蜂腰、棱角等畸形瓜，不仅影响产量，而且严重降低西葫芦商品质量（图2－305）。

（2）发病原因

①营养供应不足，结瓜初期营养不足易形成尖嘴瓜，结瓜中期营养不足易形成细腰瓜，结瓜后期营养不足易形成细长歪把瓜。但结瓜中期肥水过猛又易形成大肚瓜。

②授粉不良，抹瓜不匀使授粉不足的部位呈凹陷状。

③温度过高或过低都会影响花芽分化，导致产生畸形瓜。

（3）防治措施

①加强水肥管理，尤其是在结瓜期，合理施肥。

②合理控制温度，在适宜温度范围内加大昼夜温差。

图 2－305　畸形瓜

③选择免点花方式进行授粉坐瓜。

④及时疏除畸形幼瓜，叶面喷施 0.136% 碧护 15 000倍液 +52% 优果氮 1 500倍液 +99% 禾丰硼 1 500倍液。

2. 瓜打顶

（1）发病症状

其症状表现为生长点向上生长迟缓，生长点附近的节间长度缩短，难以形成新叶，在生长点的周围形成雌花和雄花间杂的花簇，幼瓜在生长点簇生（图 2－306）。

图 2－306　瓜打顶

（2）发病原因

①前期产量过高出现坠棵。

②抑制生长类调节剂使用过量。

③温度过低，根系不好养分不足。

（3）防治措施

①合理负载，根据长势合理疏瓜留瓜，成品瓜及时采摘。

②提高夜间温度，做好水肥供应。

③4%赤霉酸 1 500倍液 +0.004%芸薹素内酯 1 500倍液 +52%优果氮 1 500倍液喷施。

3. 化瓜

(1) 发病症状

幼瓜在开花前后颜色墨绿，停止生长，严重时黄化，萎蔫（图2－307）。

图2－307　化瓜

(2) 发病原因

①夜温过高。

②营养生长过旺，供应幼瓜养分不足。

③水肥供应不足。

(3) 防治措施

①降低夜温，加大昼夜温差。

②出现旺长现象叶面喷施20%光合菌素生长调节剂1 500倍液调节生长。

③合理供应水肥，多补充钾元素，冲施60%斯沃（13－7－40）20kg/亩。

④喷施99%磷酸二氢钾 1 500倍液 +99%细胞分裂素 15 000倍液。

4. 激素中毒

(1) 发病症状

西葫芦叶片发硬，皱缩，严重时扭曲变形，生长缓慢（图2－308）。

(2) 发病原因

这种现象一般是在西葫芦使用点花药过量后出现。

(3) 防治措施

①严格按照使用说明的合理浓度稀释点花药。

②点花时注意不要让点花药流到叶片或茎秆上。

③喷施免点花按正确喷施方法。

④0.136%碧护 15 000倍液 +0.004%芸薹素内酯 1 500倍液喷施。

图 2-308 激素中毒

(五) 虫害

1. 蓟马

(1) 为害症状

蓟马用锉吸式口器吸取蔬菜嫩梢、嫩叶和幼嫩瓜果的汁液。嫩叶、嫩梢受害后变硬缩小，茸毛变灰褐色，节间缩短，生长缓慢；幼瓜受害后硬化，表皮褐变或木栓化。瓜条受害后，出现凹陷的条斑，为害严重时蔬菜生长受阻（图 2-309）。

图 2-309 蓟马为害状

(2) 防治措施

①使用腐熟粪肥，减少虫卵侵入。

②喷施 2.5% 多杀菌素悬浮剂 1 000倍液，或喷施 5% 氟虫腈 3 000倍液，或喷施 7.5% 氯氰啶虫脒 1 000倍液。

③防治蓟马时，应在傍晚前用药，且不仅要喷施作物，连作物周边的地面也应喷洒药液。

2. 螨虫

(1) 为害症状

螨虫在田间有发病中心，叶片受害后，正面背面带油光，扭曲畸形，叶柄上的刺变少甚至消失，瓜条出现地图状无突起和凹陷的不规则状斑（图2－310）。

图2－310　植株受害状

(2) 防治措施

喷施5%阿维哒螨灵1 500倍液或2%阿维菌素乳油800～1 000倍液，喷洒药液时，要正反面喷施。

【小资料】

趣话葫芦和西葫芦

葫芦和西葫芦按分类都是葫芦科，俗称的葫芦也分好多种，例如，亚腰葫芦、瓢葫芦、蝈蝈葫芦、鹤首、长颈等。这种葫芦一般是玩赏用的，当然也可以吃，不过食用者不多。西葫芦是重要蔬菜，一般直桶形，也有飞碟形和圆形的。

葫芦是世界上最古老的作物之一，在今天的墨西哥、秘鲁和泰国均有数千年的种子被发现。在埃及葫芦被作为陪葬品。在中国河南省考古遗址出土的葫芦皮最早的是7 000～8 000年前的。河姆渡文化遗址中发现的葫芦及种子也有7 000年的历史了，是目前世界上关于葫芦的最早发现。葫芦在中国古代有许多记载，同时，关于其名称也有多种叫法，“瓠”、“匏”、“壶”、“甘瓠”、“壶卢”、“蒲卢”均指葫芦。“壶”、“卢”本为两种盛酒盛饭的器皿，因葫芦的形状和用途都与之相似，所以人们便将“壶”、“卢”合成为一词，作为这种植物的名称。而“葫芦”则是俗写，并不符合原意。不过后来人们约定俗成地写作“葫芦”，一直延续。葫芦是人类最早种植的植物之一，用作容器。

葫芦又称蒲芦，谐音“福禄”，草本植物。其枝茎称为蔓带，谐音“万代”，故蒲芦蔓带谐音为“福禄万代”，是吉祥的象征，葫芦与它的茎叶一起被称为“子孙万代”。

葫芦果实里面有很多种子，所以，中国人把葫芦作为繁育生育、多子多孙的吉祥物。在中华民族的历史中，葫芦被很多民族认为是人类的始祖而崇拜。在神话和故事里，葫芦始终与神仙和英雄为伴，被认为是给人类带来福禄、驱魔辟邪的灵物。很多神仙、神医也都身背葫芦或腰悬葫芦，如八仙中的铁拐李，寿星南极翁，济公和尚等。

葫芦自古以来就是福禄吉祥的象征，也是保宅护家的良品。葫芦还用作除病之用，只需挂在病者的睡床尾或摆放在病者的睡侧，就可以吸取病人身上的病气，使其快速地好起来。如果是健康人，则可以吸取人身上的晦气，提升运势。葫芦挂在大门外，则有保屋内人平安的作用。

总之，葫芦已成为观赏、收藏、实用的上好佳品，是中华吉祥文化的代表象征。由于“葫芦”与“福禄”谐音同，它又是富贵的象征，代表长寿吉祥，民间以彩葫芦作佩饰，就是基于这种观念。另外，因葫芦藤蔓绵延，结子繁盛，它又被视为祈求子孙万代的吉祥物，古代吉祥图案中有不少关于葫葫芦芦的题材，如“子孙万代”、“万代盘长”等。有些民家在屋梁下，悬挂着葫芦，其称之为“顶梁”，据说有此措施后，居家比较平安顺利；较讲究的民众，则用红绳线串绑5个葫芦，称为“五福临门”。在中国台湾的乡间，流传一句谚语：“厝内一粒瓠，家风才会富”，意思是说，在家里摆放一个葫芦，才会发财、富有。

第六节　菜　豆

菜豆属于蝶形花科菜豆属，又名豆角、四季豆、芸豆、架豆、玉豆等。原产中南美洲，16～17世纪进入亚洲，16世纪末中国已有栽培。菜豆既可鲜食、又可加工、速冻等。我国古医籍记载，菜豆味甘平，性温，具有温中下气、利肠胃、止呃逆、益肾补气等功用，是一种滋补食疗佳品。菜豆还含有皂苷、尿毒酶和多种球蛋白等独特成分，具有提高人体血身的免疫能力，对肿瘤细胞的发展有抑制作用，因而受到医学界的重视。菜豆是一种难得的高钾、高镁、低钠食品，每百克含钾1 520mg，镁193.5mg，钠仅为0.8～0.9mg，这个特点在营养治疗上大有用武之地，尤其适合心脏病、动脉硬化，高血脂、低血钾症和忌盐患者食用。不过其籽粒中含有一种毒蛋白，必须在高温下才能被破坏，所以，食用菜豆必须煮熟煮透。我国现在各地栽培广泛，并可利用各种设施四季生产，周年供应。

一、生物学特性

（一）植物学特性

1. 根

菜豆属于浅根系作物，主要根系分布在地表下15cm的土层中，但是，根系分布面积广泛，成株的根系纵向长度可达80～100cm。根系木栓化程度高，再生能力弱，根部有根瘤和根瘤菌（图2－311）。

图 2－311　菜豆根系

2. 茎

缠绕，茎上有短柔毛。矮生种主茎 6～8 节，侧枝 1～5 节后封顶。蔓生种主茎生长较旺，主蔓上易分生侧枝，侧枝也开花结荚（图 2－312）。

图 2－312　菜豆的茎

3. 叶

主茎第第一、第二片真叶为对生单叶，心脏形，第三片真叶以后为三出复叶，互生，叶的基部呈近圆形，前端有细尖（图 2－313）。

4. 花

总状花序，蝶形花，花色有白色，淡紫色和紫色等。矮生豆侧枝上的花序多占总数的 85%～89%。蔓生种主茎生花 80～200 朵，以自花授粉为主（图 2－314）。

5. 果实

果实为荚果，荚果线形，豆荚两边沿有缝线，缝线处有维管束。豆荚先端有细而长的喙。果实呈深浅不一的绿、绿白、黄、黄白、花斑黄、紫绿、紫、紫红（或有斑纹）等颜色，豆荚中含 4～9 粒种子，豆荚荚壁肉质，以嫩荚为果实，但有些品种纤维多，老化（图2－315）。

图 2－313　菜豆的叶

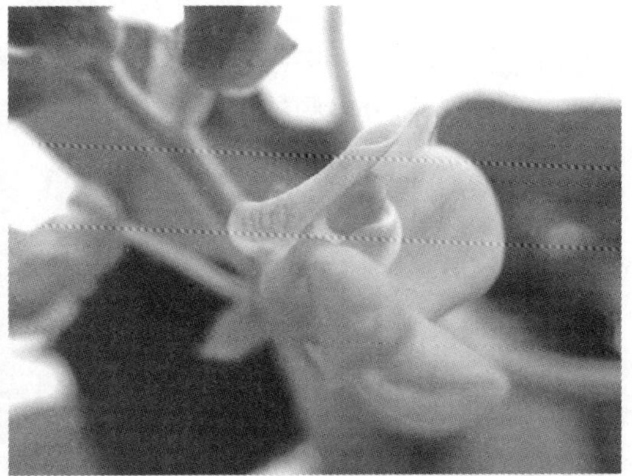

图 2－314　菜豆的花

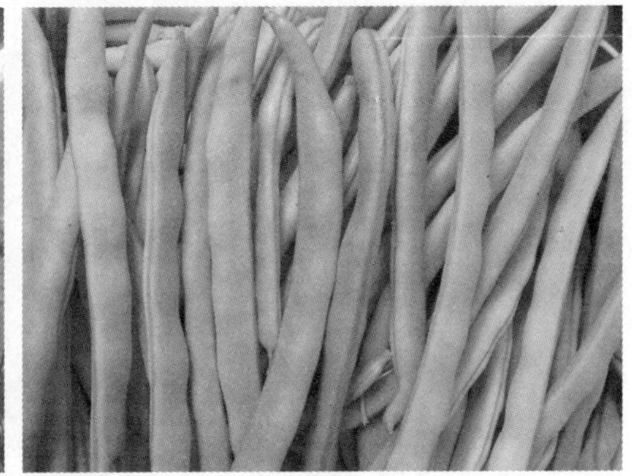

图 2－315　菜豆的果实

（二）生长发育过程及其特性

1. 菜豆的生长发育过程

①发芽期：播种到一对单生真叶出现并展开，一般 10～15 天。主要利用种子贮藏

的养分出土和生长。

②幼苗期：一对基生叶——抽蔓或长出3片复叶。主要进行根，茎，叶的生长，不断扩大营养体，开始花芽分化。

③抽蔓期：从开始抽蔓到开花前的一段时间。

④开花结荚期：从开始开花到结荚终止。这一时期开花结荚和茎叶生长同时并进，生长发育旺盛。

2. 长势判断

菜豆各个生育期正常长势，见图2－316至图2－321。

图2－316　育苗期正常长势

图2－317　缓苗后正常长势

图2－318　生长前期正常长势

图2－319　开花期正常长势

（三）对环境条件要求

菜豆喜温暖，不耐低温和霜冻，对日照长短反应不同，分成短日型，中间型，长日型，但以中间型品居多。光强的要求低于茄果类。菜豆有一定的耐旱力，不耐土壤过湿或积水，水多根系缺氧，生长不良。菜豆属于好气性蔬菜，排水和通气性良好的沙壤土有利于菜豆根系的生长和根瘤菌的活动。菜豆各个生育期要求适宜温度和土壤湿度，见表2－13。

图 2-320　结荚期正常长势

图 2-321　结荚期正常长势

表 2-13　菜豆各个生育期要求适宜温度和土壤湿度表

时期	白天温度（℃）	夜间温度（℃）	土壤湿度（%）
播种至出土	28～30	16～20	85
出土至定植	25～27	13～15	60
缓苗至开花	26～28	13～15	55
开花期	25～28	13～15	80
结荚期	26～28	13～15	60～80

二、茬口安排

温室的菜豆种植茬口一般是早春茬，早春茬栽培的定植时间一般在 2 月上旬前后，套作的在 3 月上旬。

三、品种选用

（1）泰国白粒架豆

生长势及分枝力均强。荚扁，长 20～25cm，浅绿色，荚厚，纤维少，不易老化，种子白色。抗病性强，早熟，丰产，采收期集中，春秋两季均可栽培。

（2）特长九粒青

蔓生，株高 3m 左右，第一花序生于 2～3 节，荚长 22～28cm，嫩荚近圆形，绿色，早熟，从播种到始收 55 天左右，亩产 3 500kg左右，嫩荚肉质厚、无筋、纤维少、蛋白质含量高，品质极好。春秋均可栽培。

（3）老来少架豆

该品种属于早熟，高产品种，株高 2m 以上，结荚均匀而密，始花节位低，豆荚圆棍形，荚长 20～25cm，嫩荚浅绿色，后变成白色，嫩荚肉质肥厚，纤维少，品质好，播种后 60 天左右，开始采摘嫩角，亩产 2 500～4 000kg。

四、育苗关键技术

菜豆育苗采用一个营养钵同时育2～3株的育苗方式，也就是说，一个营养钵里同时放2～3粒种子，其他操作参照西葫芦育苗。

五、土壤管理

（一）正常土壤施肥方案

根据配方施肥的原则，菜豆的底肥用量，见表2－14。将以下肥料均匀撒施后深翻或旋耕（图2－322、图2－323）。

表2－14　菜豆的底肥用量表

用肥种类	腐熟过的粪肥	芽孢蛋白有机肥	复合肥	海洋生物活性钙	精品全微肥
亩用量	10～15m^3	120～200kg	50～75kg	50kg	20kg
效果特点	长效补充有机质	快速补充有机质、蛋白质	补充氮磷钾大量元素	补充钙镁硫中量元素	补充微量元素
注意事项	必须腐熟	撒施或包沟	选择平衡型	必须施用	必须施用

图2－322　撒施肥料

图2－323　深翻土壤

（二）土壤改良

土壤改良参见第一章第二节。

六、田间农艺管理

（一）栽培模式

起垄栽培。

（二）株行距确定

做南北向宽1.4m，高10～12cm的高畦，每畦定植双行，大行距80cm，小行距

60cm（图 2－324、图 2－325）。株距为 35～45cm，一般亩栽植 2 300～2 600株，因菜豆是蔓生性作物，种植密度不可过大，否则当茎蔓长高时影响田间通风透光，会直接降低坐荚率。

图 2－324　整平畦面

图 2－325　开定植穴

（三）定植

①确定好株行距后，在畦面上开定植穴，有的是在其他作物行间套作，不论整棚栽培还是套作，为了快速缓苗，促进根系生长，在定植穴内撒施含有益菌的有机肥料（肽素活蛋白），一亩地撒施 10kg，撒施后与土拌匀，准备定植（图 2－326）。

图 2－326　定植穴内撒施有机肥料

②选择壮苗，在晴天上午定植，每个定植穴栽植 2～3 个单株。

③定植完毕后浇大水，每亩地随水冲施 EM 菌剂沃地菌丰 10L，促进生根，补充有益菌。

（四）定植后管理

1. 合理控温

定植后缓苗前白天温度 28～30℃，夜间 15～18℃。缓苗后白天 26～38℃，夜间 13～15℃。

2. 覆盖地膜

及时覆盖地膜保温、保湿。

3. 防疫

为促进植株健壮，防止病害发生，浇第二水时每亩地冲施“壳聚糖”（植物生长复壮剂）10L，以提高作物的抗逆能力。

（五）开花期管理

1. 温度控制

开花期间白天温度25～28℃，夜间13～15℃。

2. 吊蔓

植株长到30～40cm时，要及时进行吊蔓，防止茎蔓匍匐（图2－327、图2－328）。

图2－327　吊蔓

图2－328　吊蔓后长势

（六）结荚期管理

1. 温度控制

结荚期间白天温度26～28℃，夜间13～15℃。

2. 浇水施肥

菜豆的浇水有一个原则就是“浇荚不浇花”。如果在开花期间浇水，会造成茎蔓疯长，养分失调，导致落花落荚。所以，在开花之前要合理控制好土壤水分，当第一批花成功授粉坐住荚后，嫩荚4cm左右时，根据土壤干湿情况进行浇水。此时，浇水追肥一亩地冲施蔬乐丰25kg。

3. 打叶

第一茬菜豆采摘完毕后，茎蔓已长到一定高度，此时叶片多，加上分生的侧枝增多，所以，为增强田间的通风透光，需要及时疏除部分叶片。打叶从下到上，稀疏去叶，感觉田间不郁闭即可，但也不可一次摘叶过度（图2－329、图2－330）。

图 2-329 打叶

图 2-330 疏叶后田间通透

七、植保管理

（一）侵染性病害

1. 锈病

（1）危害症状

主要危害叶片、茎和荚，以叶片受害最重，初期为黄白色小斑点，后渐成为红褐色凸起的小疱，病斑表皮破裂，散出铁锈色粉末。后期产生较大的黑褐色凸斑，表皮破裂，会露出黑色粉粒（图 2-331）。

图 2-331 叶片症状

（2）发生条件

高温高湿发病严重。露水多的天气蔓延迅速。

（3）防治措施

①加大通风，降温降湿。

②喷施 25% 吡唑醚菌酯乳油 1 000倍液，或喷施 33.5% 喹啉铜 1 500倍液，或喷施 20% 硅唑·咪鲜胺 2 000倍液，或喷施 20% 噻菌铜悬浮剂 1 000倍液，或喷施 30% 苯醚甲环唑 600 倍液，或喷施 40% 苯甲丙环唑 1 000倍液，或喷施 25% 腈菌唑 1 000倍液

防治。

2. 灰霉病

（1）危害症状

叶片染病，出现近圆形灰褐色病斑，周缘深褐色，中部淡棕色或浅黄色，干燥时病斑表皮破裂形成纤维状，湿度大时病斑上生灰色霉层。有时病菌从茎蔓分枝处侵入，致病部形成凹陷水浸斑，后萎蔫。荚果染病先侵染败落的花，后扩展到荚果，病斑初淡褐至褐色后软腐，表面生灰霉。茎、叶、花及荚均可染病（图2－332）。

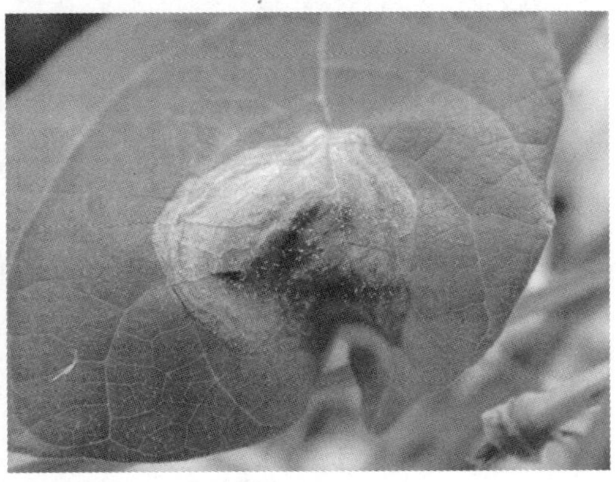

图2－332　受害叶片

（2）发生条件

只要具备高湿和20℃左右的温度条件，此病易流行。病菌寄主较多，此菌可随病残体、水流、气流、农具及衣物传播。腐烂的病果、病叶、败落的病花落在健部即可发病。

（3）防治措施

①加大通风，降低湿度。

②及时清除病株残体，病果、病叶、病荚等。

③喷施50%异菌脲1 000倍液，或喷施50%腐霉利1 500倍液，或喷施50%农利灵可湿性粉剂1 500倍液。

④结合烟剂烟熏，10%速克灵烟剂或20%灰核一薰净熏治，每亩用药200g。

3. 炭疽病

（1）危害症状

叶片染病出现红褐色病斑，病斑沿叶脉呈多形扩展，由红褐色变褐色，潮湿时病斑分泌红色黏稠物，茎部上病斑稍凹陷，褐色。果实染病，主要发生在近地面的豆荚上，起初由褐色小斑点扩大为近圆形斑，病斑中央凹陷，可穿过豆荚侵害种子，边缘具同心轮纹（图2－333）。

（2）发生条件

炭疽病是真菌性病害。温暖、高湿、多雨、多雾、多露的环境条件有利于发病。重茬、低洼、栽植过密、黏土地、管理粗放发病严重。

图 2－333　植株受害症状

（3）防治措施

喷施 70% 甲基托布津可湿性粉剂 800 倍液，或喷施 70% 代森锰锌可湿性粉剂 500 倍液，或喷施 80% 炭疽福美可湿性粉剂 500 倍液，或喷施 25% 咪鲜胺 1 000倍液。

4. 菌核病

（1）危害症状

发病初期，病部呈水渍状，后变灰白色，皮层腐烂，仅残存纤维。高湿时，病茎生白色棉絮状菌丝及黑色鼠粪状菌核，病茎上端枝叶枯死（图 2－334）。

图 2－334　植株危害症状

（2）发生条件

在低温高湿情况下，温度 20℃左右和相对湿度在 85% 以上的环境条件下，病害严重。此病靠气流传播，先在衰老的花上取得营养后，再进一步侵染健壮的叶片和茎，严重时病部产生白色菌丝体。

（3）防治措施

①加大通风，降低湿度。

②喷施 50% 腐霉利可湿性粉剂 600 倍液，或喷施 40% 菌核净可湿性粉剂 1 000～1 500倍液，或喷施 30% 菌核利可湿性粉剂 1 000倍液，或喷施 25% 异菌脲悬浮剂 1 500

倍液。

5. 根腐病

(1) 危害症状

菜豆根腐病俗称“红根病”，是菜豆种植中发生较为普遍的土传病害。发病后主根上部、茎地下部变红褐色或黑色，病部稍凹陷，有时开裂。纵剖病根，维管束呈红褐色。主根全部染病后，地上茎叶萎蔫枯死。潮湿时，病部产生粉红色霉状物，严重时主根及毛细根腐烂。发病后植株下部叶片枯黄，叶片边缘枯萎，植株易拔除（图2－335）。

图2－335　植株受害状

(2) 发生条件

病菌在病残体上或土壤中越冬，可存活10年左右。病菌主要借土壤传播，通过浇水、施肥进行侵染。病菌最适宜生育温度为29～30℃，土壤湿度大，灌水多，利于该病发展。尤其是连作重茬是该病发生的重要原因。

(3) 防治措施

①实行轮作，多增施秸秆、有机肥、有益微生物以改善土壤环境。

②发病严重的棚室利用夏季高温时期进行闷棚。

③以预防为主，菜豆在定植缓苗后，植株长到20cm左右高度时，用56%甲硫恶霉灵可湿性粉剂1 500倍液＋30%苯醚甲环唑可湿性粉剂1 500倍液＋碧护15 000倍灌根。植株长到2m左右高度和进入盛果期时，分别用此配方灌根两次。

(二) 非侵染性病害

1. 落花落荚

(1) 症状

菜豆的花蕾数量很多，一般每一花序生花蕾7～13个。但从每一花序的成荚数看，多数花序结荚3～4个，少数花序结荚5～6个或1～2个，大量的花蕾或幼荚脱落了，温室栽培的越冬茬、秋冬茬和冬春茬菜豆结荚率通常在25%左右，若能使菜豆的结荚率提高到50%，其单位面积产量几乎增加一倍（图2－336）。

图 2-336 落花落荚

（2）发生原因

①温度不合理，夜间温度过高或过低，影响花芽分化。

②生长失调，植株营养生长过旺，出现旺棵。

③开花期浇水，导致营养分配失衡。

（3）解决措施

①开花期合理控制温度，白天温度 26～28℃，尽量白天最高温度不要长时间超过 28℃，夜间温度 13～15℃。

②合理浇水，盛花期避免浇水，如植株生长过旺，适当降低夜温，12～14℃，叶面喷施 20% 光合菌素 1 500倍液。

③开花前喷施 21% 优果硼 1 500倍 +99% 磷酸二氢钾 1 500倍液。

④花期喷施 3.5% 果神五号保花坐果素 300 倍液，喷药时，叶片正反面都需喷布药液。

2. 氨气危害

（1）主要症状

受害叶片初期呈水浸状，以后逐渐褪为淡褐色。幼芽或生长点萎蔫，严重时叶缘焦枯，全株生理失水干缩而死（图 2-337）。

图 2-337 氨气危害

（2）发生原因

一是施用了过量的尿素、碳酸氢铵、硫酸铵等氮素肥料。二是施用了没有充分腐熟的人粪尿、厩肥等有机肥料。三是在棚内发酵饼肥或者鸡粪等肥料。四是追肥时撒施肥料于地面。据测定，棚内氨气浓度达5mg/L时，就会出现危害症状。

（3）防治措施

①安全施肥：棚栽蔬菜无论施基肥或者追肥，都应注意如下几点。一是施用有机肥作基肥的，一定要充分腐熟；二是化肥和有机肥只能深施不能在地面撒施；三是施肥不能过量，特别是追肥宜少量多次追施；四是适墒施肥，或施后灌水，使肥料能及时分解释放。

②检测氨气：在棚内检查气体状态，可选用医药公司出售的酸碱度试纸，测定棚膜内水珠的酸碱度，当pH值在8.2以上时，必须及时放风排气。若稍迟缓，就会发生中毒现象。

③及时抢救：当棚内蔬菜已出现氨气中毒症状时，除放风排气外，要快速灌水，降低土壤肥料溶液浓度；要叶面喷施天达2116，能较好地平衡植株体内和土壤的酸碱度；可在植株叶片背面喷施1%食用醋，可以减轻和缓解危害。

【小资料】

趣话菜豆

豆是人类食物中的密友，在早期历史中却是不能吃的，那时的豆是一种器皿，比鼎要小气得多，类似如今的高脚盘，用来盛放肉食，材料有陶、竹、漆、铜制等，很实用，不仅可以用来祭祀，还能做日常的器物，《礼记·坊记》记载的“觞酒豆肉”，就是说，耳杯盛酒豆中有肉的意思。

那时的豆叫做尗，将尗捡起来叫叔，当叔上顶着艹字头之后，它完美了字的整体美学与明了意思，成为豆子的总称。《采菽》里就有：采菽采菽，筐之莒之，就是说，摘豆子的热闹情形。

据清人钱大昕研究，古音舌头舌上不分，菽与豆古音本相近，后来渐渐通用，大概到秦汉之际，就开始把菽称作豆了。随着豆类的普及与豆形器皿的消失，豆字的本义渐渐由器皿过渡到植物之上，所有圆滚滚、产自于豆荚里的那些小家伙们，一出生就根据形态花色而冠名：黄豆、蚕豆、豌豆、绿豆、菜豆、红豆、黑豆、扁豆、毛豆、青豆、荷兰豆……一口气数不过来的。

菜豆是中国人民和世界人民最爱吃的蔬菜之一。在中英文中它的称谓十分歧异便反映了这点。菜豆分别起源于中美洲和安第斯山区。距今至少6 000多年前，今墨西哥普埃布拉州的印第安人最早开始栽培菜豆。一些现存最古老的菜豆豆粒则为发现于今秘鲁安第斯山区的4 000多年前的残粒。到地理大发现开始前，菜豆的大田栽培已遍及今美国南部、墨西哥、中美洲和南美洲北部，成为与玉米、南瓜并列的重要的三大姊妹作物。16世纪初，菜豆传入欧洲，很快受到欧洲人的欢迎并传开。大概在16世纪末，菜豆传入中国。1654年，中国的隐元禅师渡日弘法，把该作物传出去。但明代文献中并无关于菜豆的确切记载。直到乾隆年间，张宗法的《三农纪》（1760年成书）才确凿、详细地记下了菜豆。稍后，嘉道年间吴其浚的《植物名实图考》画下了菜豆的逼真图画。在此期间，菜豆渐渐传遍了全国，包括边远地区。今天，中国已成为世界上最大的菜豆生产国和消费国。

第七节　葡　萄

葡萄，落叶藤本植物，原产于欧洲、西亚和北非一带。葡萄品种很多，主要分为制干葡萄、酿酒葡萄和鲜食葡萄三大类。近年来，有的也发展盆栽葡萄。葡萄的栽培面积广，是世界上种植面积最大的水果，产量位居各种水果前三位，几乎占全世界水果的1/4。温室反季节鲜食葡萄栽培是近年来发展的新兴产业，因其用工少，管理简单，效益相对较高，被称为设施农业的黄金产业，越来越受到种棚户的重视。

一、生物学特性

（一）植物学特性

1. 根

葡萄根系大、分布广，多分布在20～60cm的土层中，水平分布大于垂直分布（图2－338）。

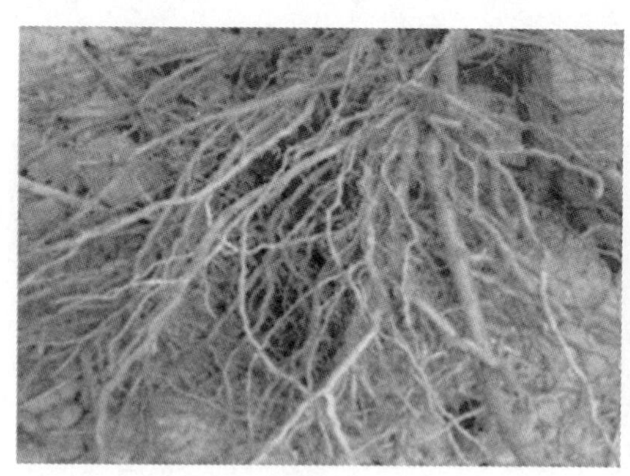

图2－338　葡萄根系

2. 茎

葡萄的茎秆为木质藤本，枝干圆柱形，有纵棱纹，无毛或被稀疏柔毛（图2－339）。

3. 叶

葡萄叶片为掌状叶，互生，有3～5个浅裂或中裂，中裂片顶端有尖，裂片常

图 2－339　葡萄的结果母枝

靠合，叶片基部深心形，基部缺凹成圆形，两侧常靠合，边缘有锯齿，齿深而粗大，不整齐，齿端有急尖，上面绿色，下面浅绿色，无毛或被疏柔毛（图 2－340）。

图 2－340　葡萄的叶

4. 花

复总状花序，通常成圆锥形，密集或疏散，多花，花蕾倒卵圆形，花丝丝状（图 2－341）。

5. 果实

果实球形或椭圆形，因品种不同，有白、青、红、褐、紫、黑等不同果色（图 2－342）。

（二）葡萄的基础生理器官

葡萄的基础生理器官包括主干（主蔓、主枝）、结果母枝、结果枝、营养枝、副梢、花序、卷须（图 2－343、图 2－344）。

图 2－341 葡萄的花序

图 2－342 葡萄的果实

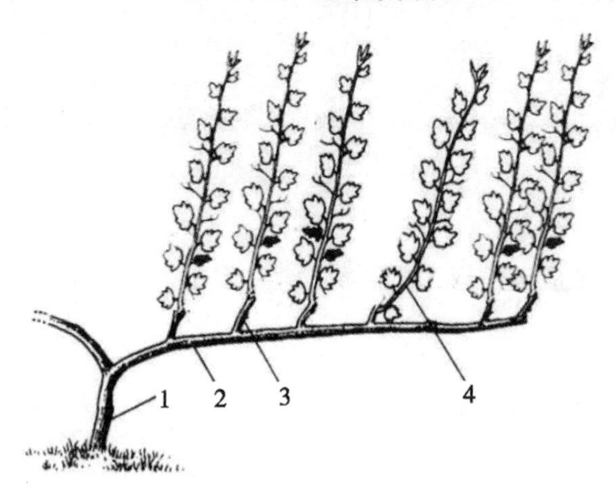

图 2－343 葡萄的基础生理器官

1. 主蔓 2. 结果母枝 3. 结果枝 4. 营养枝

图 2-344　葡萄生理器官

（三）生长发育过程及其特性

1. 葡萄的生长发育过程

葡萄从栽苗到结果大致分为两个大的生长期，即营养生长期和生殖生长期。营养生长期是从栽苗到枝干长成并木质化，一直到落叶休眠。生殖生长期是从破眠发芽到开花结果，直至果实成熟。整个生殖生长期又分为：休眠期、萌芽期、新梢生长期、开花期、结果期、成熟期。

2. 长势判断

葡萄各个生育期正常长势，见图 2-345 至图 2-356。

图 2-345　定植苗

图 2-346　定植后正常长势

图 2-347 生长前期正常长势

图 2-348 生长前期正常长势

图 2-349 破眠后正常长势

图 2-350 破眠后正常长势

图 2-351 开花期正常长势

图 2-352 坐果期正常长势

（四）对环境条件要求

葡萄各个生育期要求适宜温度和土壤湿度，见表 2-15。

图 2－353　结果期正常长势

图 2－354　结果期正常长势

图 2－355　成熟期正常长势

图 2－356　成熟期正常长势

表 2－15　葡萄各个生育期要求适宜温度和土壤湿度表

时期	白天温度（℃）	夜间温度（℃）	土壤湿度（%）
定植至缓苗	28～30	18～20	85
营养生长期	25～29	13～15	60
休眠期	0～6	0～-7	40
破眠后发芽期	16～28	13～18	85
开花期	25～28	15～17	75
成熟期	28～32	13～15	70

二、茬口安排

温室葡萄栽培最适宜时间是 4 月中旬至 5 月下旬。在各种条件都达到的情况下，翌年的 5～7 月葡萄成熟。葡萄因为是多年生果树，所以不像蔬菜一样每一茬需换苗，葡萄栽植以后可以达到 10～25 年无需换苗。

温室葡萄的定植行向以南北向为宜。南北行向比东西行向受光较为均匀。双干整枝栽培（又称“龙丰枝”），行距1.7m，株距0.7m，每亩地种植480~500株。

三、品种选用

（一）早熟

①艾蜜：欧亚种，果实紫红色，无皮无核，肉质脆硬，挂果期长，单果粒重6~8g，平均穗重900g，可溶性固形物含量22%~24%，口感好，耐运输。

②贵妃蜜：欧亚种，果实黄绿色，肉质脆硬，单果粒重8~10g，平均穗重850g，可溶性固形物含量19%~22%，口感有浓郁玫瑰香味，挂果期长，耐运输。

③紫罗拉：欧亚种，果实青紫色，肉质脆硬，单果粒重13~16g，平均穗重900g，可溶性固形物含量18%~20%，口感好，挂果期长，耐运输。

④巨丽尔：欧亚种，果实深红色，肉质脆硬，单果粒重15~20g，平均穗重1 000g，可溶性固形物含量18%~20%，口感好，有冰糖香味，挂果期长，耐运输。

⑤红贝蒂：欧亚种，果实玫瑰红色，肉质脆硬，单果粒重10~12g，平均穗重850g，可溶性固形物含量20%~23%，口感清香，挂果期长，耐运输。

（二）中熟

玫瑰香：英国品种，果皮黑紫色或紫红色，单果粒重6~8g，平均穗重350g，可溶性固形物含量18%~20%，口感有玫瑰香味。

（三）晚熟

红地球：美国品种，又名红提、晚红、提子。果实鲜红色或暗紫红色，单果粒重12~14g，平均穗重600g，可溶性固形物含量17%。

四、土壤管理

葡萄对土壤的要求：土质肥沃、疏松、透气性良好的沙土地或壤土地，适宜的土壤酸碱度是6.0~7.5。

（一）正常土壤施肥方案

按照一亩地用量，需准备的底肥如下。

①发酵好的粪肥（牛粪、羊粪、猪粪、鸡粪等）10~15m^3；

②（15-15-15）硫基复合肥100kg；

③尿素25kg；

④肽素活蛋白50kg；

⑤海洋生物活性钙75kg；

⑥精品全微肥20kg。

全棚耕地：已备好粪肥的2/3、复合肥50kg、尿素25kg，将上述3种肥料均匀撒到土壤表层，耕地（图2－357、图2－358）

（二）土壤改良

土壤改良参见第一章第二节。

图 2－357　撒施肥料

图 2－358　旋耕土壤

五、田间农艺管理

（一）栽培模式

开定植沟：根据种植行距开定植沟，定植沟口宽 40cm，底宽 60cm，深 60cm 左右。开沟时表土和心土分开放置，如图 2－359。

图 2－359　开沟

（二）定植沟施肥

板结黏重地块、盐碱地、沙地等土壤要在开好的沟内铺设秸秆，以利改良土壤。沟的最底层铺秸秆，厚度 15～20cm，之后盖一层土，盖土厚度 10～15cm，土层上再均匀撒施肥料，最上边再盖一层土，使定植沟与地表持平，上层土的厚度 20～30cm（图2－360、图 2－361）。

沟内撒施的肥料：

①剩余的 1/3 粪肥；

②复合肥 50kg；

③肽素活蛋白 40kg；

④海洋生物活性钙 75kg；

⑤精品全微肥 20kg。

图 2-360　沟内铺秸秆

图 2-361　秸秆上盖土

（三）定植

①定植沟整好后，根据定植株距在沟面上开定植穴，定植穴内撒施含有益菌的有机肥料（肽素活蛋白），一亩地撒施 10kg，以利于快速缓苗，促进根系生长。撒施后与土拌匀，准备定植（图 2-362）。

图 2-362　定植穴内撒施有机肥料拌匀

图 2-363　定植

②在晴天上午定植（图 2-363）。

③定植完毕后及时浇水，定植水要浇透。

（四）定植后管理

①合理控温：定植后白天温度 28~30℃，夜间 15~18℃。

②为促进植株健壮，防止病害发生，浇第二水时每亩地随水冲施 EM 菌剂沃地菌丰 10L，促进生根，补充有益菌。

（五）生长期管理

1. 主蔓调整

待葡萄苗开始生长后，选取两个较壮的侧枝作为主蔓，随着两条主蔓的生长，主蔓上生出的侧枝离地 50cm 内的全部去除，50~100cm 内的侧枝留 2 片叶打心，以上留 3

片叶打心，待主蔓长至 1.7m 左右时摘心。此时的摘心要根据树的长势决定，如果当树高达到 1.7m 时，树的长势细弱，则不摘心，让顶端继续生长，反之，长势正常或健壮时，摘心，并喷施葡萄专用促控剂（图 2－364）。

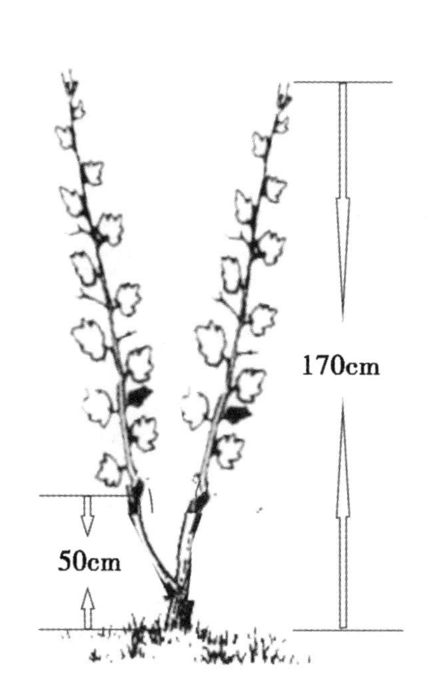

图 2－364　葡萄生长前期整枝

2. 水肥管理

葡萄是木本作物，根系发达，相对于蔬菜来说是比较耐旱的，但是为了保证树势旺盛，在第一年定植的营养生长期要合理供应水肥。

根据不同地区土壤的性质和干湿情况，需合理浇水施肥。

3. 长势调控

当葡萄枝干生长到 1.5m 左右高度的时候，根据长势要及时进行调控。如果树的长势偏旺要适当控制浇水，叶面喷施 20% 光合菌素 1 000倍液或喷施葡萄专用促控剂，相反，如果树的长势较弱要相对增加浇水次数，每亩地随水冲施促进植株生长的营养肥料蔬乐丰 25kg 配加沃地菌丰 10L（图 2－365、图 2－366）。

4. 搭架

根据行距，在葡萄种植行的南北两端埋离地面高 60～70cm 的水泥柱，在离地 50cm 的位置固定一根长 70cm，粗 5～6cm 的木棒，木棒与水泥柱垂直固定。木棒两端分别用一道 12 号钢丝连接起来，用于固定两条臂蔓及生长的副梢（图 2－367、图 2－368）。

（六）休眠

温室葡萄一般要在初霜冻到来之前进行休眠，休眠前把结果母枝上侧枝全部剪掉（图 2－369）。完成冬剪后，棚室放下草帘或棉被，直到升温前这段时间不要揭帘，使

图 2－365　葡萄浇水

图 2－366　冲肥

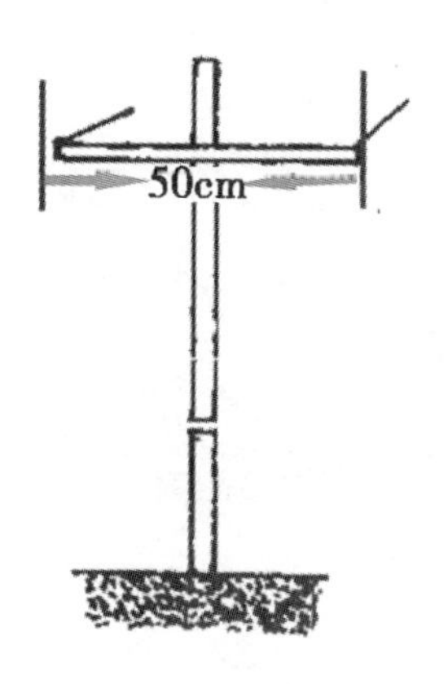

图 2－367　葡萄架示意图

图 2－368　葡萄架

葡萄植株在低温黑暗条件下休眠（图 2－370）。

图 2－369　冬剪

图 2－370　休眠期温室全天候覆盖

休眠期间要确保棚内温度不低于－7℃、不高于 7℃，最适宜在 0～5℃的温度环境下休眠。连续 480～600 小时（20～25 天）即可达到休眠要求。

（七）催芽

1. 人工催芽

休眠期结束后，根据当地气候与温室保温情况，决定提温催芽的时机。用葡萄专用“破眠剂” 1kg 对 40～50℃的温水 5kg，放入塑料桶或木盆中，不停地搅拌，经 1～2 小时，搅拌完毕后，静置 20 分钟，把浸出液取出备用。

把浸出液均匀涂抹枝干，涂抹完毕后覆盖薄膜并浇水（图 2－371）。

图 2－371　抹完破眠药后覆盖薄膜

2. 破眠后温度控制

温室升温催芽，应缓慢升温，不可一次提温过急、过高（图 2－372）。

第一周昼温应保持 15～20℃，夜温应保持 6～10℃；

第二周昼温应保持 20～25℃，而夜温保持至 10～15℃；

第三周昼温应提高到 25～28℃，夜温应保持 15℃以上。

图 2－372　葡萄萌芽

（八）上架

当葡萄发芽后，新芽生长到 1cm 长度时，即可揭去薄膜，并上架。将两根结果母枝分别水平缠绕在两道钢丝上。枝干弯曲应由南向北，以便于增加受光面积。葡萄上架时应小心操作，避免碰坏或碰掉刚刚萌发的新芽（图 2－373）。

图 2－373　葡萄上架

（九）整枝修剪

1. 抹芽定梢

随着新萌发结果枝的生长，一般情况下在第 5～6 片叶时会生长出花序。当新结果枝长到 10cm 左右时要进行抹芽定梢。一般情况下，第一年的树根据树势旺弱情况决定保留结果枝的数量。长势正常的树一棵基本保留 6～8 根有花序的结果枝，并且在枝干基部，大约离地面 20cm 处要留出两根第二年的结果预备枝，其余侧枝要一并去除。预备枝每 4～5 片叶连续摘心，所生侧枝留 2～3 片叶摘心（图 2－374）。

图 2－374　结果枝生长出花序

2. 结果枝摘心

结果枝生长到 8～10 片叶时要及时把结果枝吊起，并进行第一次摘心，留最顶端芽，其余结果枝上的侧芽都去掉。最顶端芽继续生长，所生侧枝及侧芽一并去除，当结果枝总叶片量达到 18～20 片时，再次摘心（图 2－375）。

图 2－375　结果枝第一次摘心

（十）花果管理

1. 疏花序

第一年结果，每一根结果母枝一般留 3～4 根结果枝，每根结果枝上留 1 穗花序。因为是双干整枝，一棵树有两根结果母枝，也就相当于是一棵树上第一年总共留 6～8 穗花序，其余的花序要摘除。第二年及以后每棵树留 8～10 穗花序。

开花前叶面喷施 99% 禾丰硼 1 500倍液，温度白天保持 26～28℃，最高温不可高于 28℃。夜间温度保持在 15℃以上。

2. 花序整形

为保证以后果穗的外观整齐，要进行花序整形。一般情况下花序的整形在开花前 10 天左右进行。整形时掐去副穗，花序总长的 1/4 以及小穗的穗尖（大约小穗 1/3）（图 2－376）。

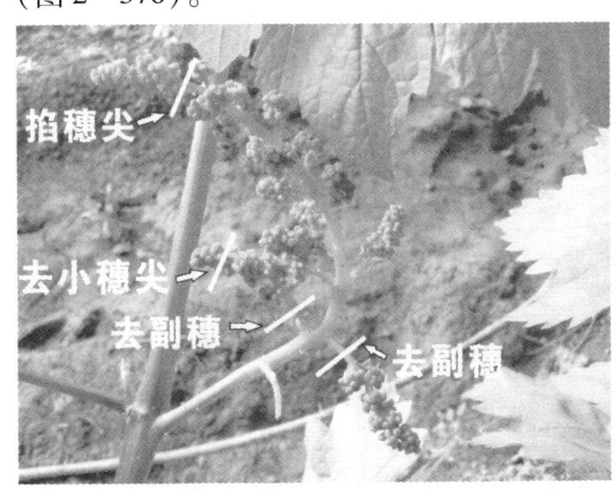

图 2－376　花序整形

图 2－377　疏果粒

3. 疏果粒

疏果粒要分两次进行。第一次是在谢花坐住果后，幼果有绿豆粒大小时进行。把畸形果粒、果柄太长或太短、不均匀的果粒一并疏除。第二次是在幼果长到黄豆粒大小时进行（图 2－377）。

4. 膨果期管理

果实在坐果后，膨大期间叶面喷施99%磷酸二氢钾1 500倍液。浇水冲施含有益菌的有机肥料肽素活蛋白20kg配加氮磷钾冲施肥蔬乐丰25kg。白天温度28～30℃，最高温最好不要超过32℃，夜间13～15℃。

果实上色前，叶面喷施99%磷酸二氢钾1 500倍液，浇水追肥冲施有机肥料肽素活蛋白20kg＋超浓缩大量元素水冲肥斯沃（13－7-40）10kg。

5. 果实保护（套袋）

为了保护果实免受病菌侵染，防止鸟害和日灼病，减少农药和尘土的污染，有时要进行套袋，套袋要在坐果以后疏果完毕后进行，套袋前，用70%甲基硫菌灵600倍液＋30%苯醚甲环唑1 500倍液喷淋式喷洒果穗，并在喷完药液后，2天内完成套袋。采收前10天将袋底撕开，采摘前取下套袋（图2－378、图2－379）。

图2－378　葡萄果穗套袋

图2－379　采收前取下套袋

（十一）采收后管理

1. 修剪

等树上的葡萄果实采摘完后，把原有的结果母枝（老枝干）连同结果枝和营养枝从预备枝以上一并剪下。浇水追肥，亩冲施沃地菌丰10L配加全溶型氮磷钾冲施肥蔬乐丰25kg，促进新枝（预留的两根预备枝）的生长。

2. 新枝（预备枝）整枝

新枝的整枝方法跟第一次栽苗后的方法相同，离地50cm内的侧枝全部去除，50～100cm内的侧枝留2片叶打心，以上留3片叶打心，待主蔓长至1.7m左右时摘心。

3. 开沟追肥

由于葡萄是多年生的果树，所以，要进行开沟追施基肥。开沟追肥应在葡萄落叶休眠之前进行。在葡萄种植行离树主干40～50cm的距离南北向开沟，沟宽和深都在30cm左右，然后撒肥。基肥以腐熟过的粪肥为主，一亩地8～10m^3，硫基氮磷钾平衡的复合肥50kg，海洋生物活性钙中量元素50kg，精品全微肥微量元素20kg，掺匀后撒施到追肥沟内，埋土，之后浇水。开沟追肥的操作，根据年产量高低1～2年进行一次。

后续管理与上年度同期管理相同，循环往复。

六、植保管理

(一) 侵染性病害

1. 灰霉病

(1) 危害症状

花序、幼果感病，先在花梗和小果梗或穗轴上产生淡褐色、水浸状病斑，后病斑变褐色并软腐，空气潮湿时，病斑上可产生灰色霉状物，即病原菌的分生孢子梗与分生孢子。空气干燥时，感病的花序、幼果逐渐失水、萎缩，后干枯脱落，造成大量的落花落果，严重时，可整穗落光（图 2 -380）。

图 2 -380 灰霉病

新梢及幼叶感病，产生淡褐色或红褐色、不规则的病斑，病斑多在靠近叶脉处发生，叶片上有时出现不太明显的轮纹，后期空气潮湿时病斑上也可出现灰色霉层。不充实的新梢在生长季节后期发病，皮部呈漂白色，有黑色菌核或形成孢子的灰色菌丝块。果实上浆后感病，果面上出现褐色凹陷病斑，扩展后，整个果实腐烂，并先在果皮裂缝处产生灰色孢子堆，后蔓延到整个果实，最后长出灰色霉层。有时在病部可产生黑色菌核或灰色的菌丝块。

(2) 发生条件

灰霉病在低温高湿条件下发生，菌丝生长和孢子萌发适温 21℃ 。相对湿度 92% ~97% ，管理粗放、磷钾肥不足、机械损伤、虫伤较多的葡萄园易发病，枝梢徒长、郁闭、通风透光不良发病重。

(3) 防治措施

①加大通风，降低湿度。

②及时清除病株残体，病果、病叶等。

③喷施 50% 异菌脲 1 000 倍液，或喷施 50% 腐霉利 1 500倍液，或喷施 25% 腐霉 · 福美双可湿性粉剂 600 倍液。

2. 炭疽病

（1）危害症状

主要危害接近成熟的果实，所以，也称“晚腐病”病菌，侵害果梗和穗轴，近地面的果穗尖端果粒首先发病。果实受害后，先在果面产生针头大的褐色圆形小斑点，以后病斑逐渐扩大并凹陷，表面产生许多轮纹状排列的小黑点，即病菌的分生孢子盘。天气潮湿时涌出粉红色胶质的分生孢子团是其最明显的特征，严重时，病斑可以扩展到整个果面。后期感病时果粒软腐脱落，或逐渐失水干缩成僵果。果梗及穗轴发病，产生暗褐色长圆形的凹陷病斑，严重时全穗果粒干枯或脱落（图 2－381）。

图 2－381　炭疽病

（2）发生条件

发病适宜温度为 25～28℃，病菌借风雨传播，萌发侵染，通过果皮上的小孔侵入幼果表皮细胞导致发病。土壤黏重、湿度大、管理粗放、通风透光不良均能导致病害严重发生。

（3）防治措施

喷施 70% 甲基托布津可湿性粉剂 800 倍液，或喷施 70% 代森锰锌可湿性粉剂 500 倍液，或喷施 80% 炭疽福美可湿性粉剂 500 倍液，或喷施 25% 咪鲜胺 1 000倍液。

3. 白粉病

（1）危害症状

①果实受害：先在果粒表面产生一层灰白色粉状霉，擦去白粉，表皮呈现褐色花纹，最后表皮细胞变为暗褐色，受害幼果容易开裂。

②叶片受害：在叶表面产生一层灰白色粉质霉，逐渐蔓延到整个叶片，严重时病叶卷缩枯萎。新枝蔓受害，初呈现灰白色小斑，后扩展蔓延使全蔓发病，病蔓由灰白色变成暗灰色，最后黑色（图 2－382）。

（2）发生条件

该病发生的最适温度为 25～28℃，为真菌性病害，病菌靠气流传播。气候干燥，空气相对湿度较低时发病重。

（3）防治措施

①合理浇水，增加棚室空气相对湿度。

图 2－382　白粉病

②喷施 25% 吡唑醚菌酯乳油 1 000倍液，或喷施 20% 氟硅唑咪鲜胺 2 000倍液，或喷施 30% 苯醚甲环唑 600 倍液，或喷施 40% 苯甲丙环唑 1 000倍液，或喷施 25% 腈菌唑 1 000倍液防治。

4. 褐斑病

（1）危害症状

褐斑病分为两种：大褐斑病和小褐斑病。褐斑病是由葡萄假尾孢菌侵染引起，主要为害叶片，侵染点发病初期呈淡褐色、近圆形斑点，病斑由淡褐变褐，进而变赤褐色，周缘黄绿色，严重时数斑连接成大斑，边缘清晰，叶背面周边模糊，后期病部枯死，多雨或湿度大时发生灰褐色霉状物。有时病斑带有不明显的轮纹。小褐斑病为束梗尾孢菌寄生引起，侵染点发病出现黄绿色小圆斑点并逐渐扩展圆形病斑。病斑部逐渐枯死变褐，后期叶背面病斑生出黑色霉层（图 2－383）。

图 2－383　褐斑病

（2）发生条件

病菌在病残体上或土壤中越冬，高湿和高温条件下，病害发生严重。

（3）防治措施

喷施 70% 甲基托布津可湿性粉剂 800 倍液，或喷施 30% 苯醚甲环唑 600 倍液。

5. 霜霉病

(1) 危害症状

葡萄霜霉病主要危害叶片，也能侵染新梢幼果等幼嫩组织。叶片被害，初生淡黄色水渍状边缘不清晰的小斑点，以后逐渐扩大为褐色不规则形或多角形病斑，数斑相连变成不规则形大斑。天气潮湿时，于病斑背面产生白色霜霉状物，即病菌的孢囊梗和孢子囊。发病严重时病叶干枯早落。嫩梢受害，形成水渍状斑点，后变为褐色略凹陷的病斑，潮湿时病斑也产生白色霜霉。病重时新梢扭曲，生长停止，甚至枯死。卷须、穗轴、叶柄有时也能被害，其症状与嫩梢相似。幼果被害，病部褪色，变硬下陷，上生白色霜霉，很易萎缩脱落。果粒半大时受害，病部褐色至暗色，软腐早落。(图 2－384)。

图 2－384　霜霉病

(2) 发生条件

发病适宜温度范围较广，13～33℃均可发病，最适宜温度 25℃，相对湿度 95%～100%时病害发生严重。

(3) 防治措施

①合理通风，降低湿度。

②喷施 90%三乙膦酸铝可湿性粉剂 400～500 倍液，或喷施 38%恶霜嘧铜菌酯 800 倍液，或喷施 25%甲霜灵可湿性粉剂 800 倍液，或喷施 70%烯酰霜脲氰 1 500倍液，或喷施 64%杀毒矾可湿性粉剂 600 倍液，或喷施 70%乙膦铝锰锌可湿性粉剂 500 倍液。

(二) 非侵染性病害

落花落果

1. 发生原因

①开花期间温度控制不合理，白天温度过高或夜间温度过低，影响花芽分化。

②不合理供水肥，导致营养失调，植株营养生长过旺，导致落花落果。

③开花期喷施某些杀虫剂或杀菌剂对花芽产生刺激作用而掉落。

2. 防治措施

①多增施有机肥和微生物菌肥，培肥地力，培育壮棵。

②开花期合理控制温度，白天温度 26～28℃，最高温不可高于 28℃。夜间温度保持在 15℃以上。

③合理浇水，在开花之前保持好土壤水分，开花时避免浇水，避免喷洒某些刺激性

的杀虫剂或杀菌剂。

④如植株生长过旺，叶面喷施20%光合菌素1 000倍液。

⑤开花前，喷施99%禾丰硼1 500倍液。

【小资料】

趣话葡萄

历代的文人墨客，为我们留下了许多赞美葡萄的诗文和书画。唐代诗人刘禹锡赞颂葡萄："酿之成美酒，令人饮不足"。大诗人李白狂饮葡萄酒后，写下这样的诗篇："葡萄酒，金巨箩，吴姬十五细马驮。青黛画眉红锦靴，道字不正娇唱歌。玳瑁筵中怀裹醉，芙蓉帐里奈君何？"王翰的《凉州词》："葡萄美酒夜光杯，欲饮琵琶马上催，醉卧沙场君莫笑，古来征战几人回。"在大漠边关、金戈铁马、生死关头，由于有了葡萄美酒，一切都变得富有诗意了。

据考古文献资料记载，葡萄的发源地在黑海和地中海沿岸。在6 000～7 000年以前，在南高加索、中亚细亚、叙利亚、伊拉克等地都有葡萄栽培。后传入埃及、希腊。6 000年前，埃及已有了栽培葡萄和酿酒的记载。在古希腊，传说葡萄是"植物之神"——狄奥萨斯所赐。葡萄酒在古希腊荷马时代已成为不可缺少的饮品。

葡萄，在我国汉代被称为"蒲陶"。《西阳杂俎》与《六帖》皆称葡萄是张骞出使西域，由大宛移植汉宫的。汉时大宛，就是现在的伊朗一带。由此，推断我国栽种葡萄至少有两千多年的历史。其实，我国栽培葡萄的历史可追溯到更远。《诗经》中"六月食薁"的"薁"字，就是指我国特有的葡萄。李时珍说："薁薁野生林墅间，亦可插直，蔓、叶、花、实，与葡萄无异"。《周礼地官》记载："场人掌国之地圃，而树之果薁珍异之物。"这说明，在张骞出使西域之前，我国葡萄栽培已经具有一定的规模和经验，只是品种不同而已。

葡萄栽培遍及世界五大洲。欧洲是世界上最主要的葡萄产地。栽培面积最大的有西班牙、法国、意大利。这3个国家的葡萄栽培面积总和占到全世界的1/3以上。欧洲栽培的葡萄90%以上用于加工，主要是酿造葡萄酒。法国的葡萄酒在世界享有极高的声誉。亚洲栽培葡萄面积最大的国家为土耳其和中国。亚洲生产的葡萄主要用于鲜食和晾制葡萄干。

我国最大的葡萄产地是新疆，最著名的产地在吐鲁番盆地及和田地区，其次为山东省、河北省、辽宁省、河南省东部及黄河故道地区，这都是我国重要的葡萄生产基地。

第三章　日光温室模式化栽培配套产品

第一节　肥　料

一、有机肥料——肽素活蛋白型

肽素活蛋白型，见图 3－1。

图 3－1　肽素活蛋白型

（一）技术指标

有益活菌数：2 亿/g。

营养成分：氨基酸、鱼蛋白、植物蛋白、昆虫丝蛋白、黄腐酸钾、甲壳素、活性高能钙、微量元素。

（二）功效特点

改良土壤：促进有益菌群繁殖，形成土壤团粒结构，保水保肥。

平衡营养：增加土壤含量，促进作物均衡地吸收养分。

发达根系：改善根部生长环境，促进毛细根生长，提高养分吸收率。

健壮植株：作物长势健壮，抗病能力强，提高光合作用。

提高抗逆：抗寒、抗旱、抗高温、抗早衰、抗肥害药害、缓解激素中毒。

调节生长：生根早、缓苗快、开花早、坐果率高、不徒长、产量高。

改善品质：瓜条直、果型好、表光好、口感好、降低亚硝酸盐含量。

抑制线虫：破坏线虫生长环境，连续使用可减少线虫对作物的为害。

（三）使用方法

苗床：400～600g/m^2，撒肥翻土播种。

营养钵：每立方米土加4～6kg，拌匀装钵。

定植：10kg/亩，拌土撒窝或缓苗冲肥。

基施：40～60kg，作底肥撒施。

冲肥：10～15kg/亩/次，每10kg必须提前6小时用40～50kg水稀释，不能同化学肥料同时浸泡。

（四）适用作物

蔬菜、瓜果、根茎、花卉、桑茶、葡萄等。

（五）注意事项

①不能在阳光下暴晒，以免杀死活性物质。

②提前浸泡，使养分充分螯合。

③浸泡时不能与化学肥料混合，会出现不溶化现象。

④本产品有少量沉淀。

⑤可根据地力肥瘦增减用量。

⑥不含任何激素成分，无毒副作用，可以有效降解化肥农药残留。

二、芽孢蛋白有机肥

芽孢蛋白有机肥，见图3－2。

（一）技术指标

有机质≥30%，N、P、K≥4%。

有益菌群≥2亿/g。

（二）产品功效

①抗重茬：解磷解钾，改良土壤环境，预防重茬病害发生。

②改良土壤：促进有益菌群繁殖，形成土壤团粒结构，抑制土传病害。

③平衡营养：增加土壤有机质含量，促进作物对养分的均匀吸收。

④生根养根：改善根部生长环境，根系旺盛，提高产量。

⑤健壮植株：长势健壮，增强抗病能力，促进光合作用，防止早衰。

图 3－2　芽孢蛋白有机肥

⑥促进早熟：缓苗快，提前开花，促进早熟。

（三）适用作物

各种蔬菜、瓜果类、根茎类、花卉、桑茶、果树等经济作物。

（四）使用方法

蔬菜：基施：每亩 150～300kg；沟施：每亩 80～150kg，定植前起垄包沟。

大姜：基施：每亩 150～300kg。

大蒜：基施：每亩 80～150kg。

果树：开沟：每亩 150～400kg。

最佳使用效果：定植前起垄包沟（不伤根、不烧苗）。

（五）注意事项

①严禁在阳光下暴晒，避免雨淋。

②勿与杀菌剂同时使用。

③肥料吸潮结块，不影响肥效。

④不含任何激素，无残留，符合有机蔬菜生产标准。

三、阿维生物蛋白有机肥

阿维生物蛋白有机肥，见图 3－3。

图 3－3　阿维生物蛋白有机肥

（一）技术指标

N、P、K≥4%，有机质≥30%，蛋白质≥18%，阿维菌素≥0.2%，微量元素≥10%，解磷、解钾、放线菌、芽孢杆菌 2 亿个/g。

（二）功效特点

抗重茬、杀线虫、促生根、药肥双效，抑制根结线虫。

（三）适用作物

蔬菜、瓜果、花卉、桑茶、根茎类作物、果树等。

（四）使用方法

1. 蔬菜

①基施：每亩 300～400kg，早春、越夏、秋延等短期作物单独使用，深冬作物与发酵的粪肥按比例同时使用。

②沟施：每亩 150～200kg，定植前起垄按比例同时使用。

2. 大姜基施

每亩 300～500kg。

3. 果树基施

开沟每亩 300～500kg。

四、蔬乐丰——动力钾型

蔬乐丰——动力钾型，见图 3－4。

图3－4　蔬乐丰

（一）产品特点

属于新型复合肥料，针对蔬菜的需肥特点研制而成，增加多种中微量元素，可满足蔬菜对K等的养分需求，劲稳劲长，膨果快。

（二）养分含量

N＋P＋K≥35%。

（三）适用作物

蔬菜、果树、姜蒜、茶叶、粮油作物等。

（四）用法及用量

冲施：每亩地15～20kg

追施：每亩地20～40kg。

五、植物复壮剂

植物复壮剂，见图3－5。

（一）技术指标

N、K：5%，氨基酸8%，EM菌群1亿/g，甲壳素55g/L。

图 3－5　植物复壮剂

（二）功效特点

①疏松土壤：改进土壤团粒结构，打破板结土壤，增强保水保肥能力。

②调节生长：整体调控，调整作物长势，茎秆粗壮。

③强力生根：促进根系细胞的分生，毛细根迅速增多，快速返棵。

④平衡营养：促使作物对各种养分平衡吸收，预防缺素造成的生理病害。

⑤增强抗逆：激活植物体内的同工酶，提高免疫力，抗逆性增强。

⑥抑制线虫：可使植物自身的几丁质酶大大增加，分解真细菌细及线虫虫卵胞壁的几丁质，减轻为害。

（三）使用方法

①冲施：稀释后每亩地冲施 10L。

②灌根：稀释：400～500 倍。

③喷施：稀释 300～600 倍喷施。

（四）注意事项

①不可与碱性农药和铜制剂混用；

②与农药混合时先稀释复壮剂；

③允许有少量沉淀。

六、蔬乐丰——基本型

蔬乐丰——基本型，见图3－6。

图3－6　蔬乐丰基本型

（一）技术指标

水溶性氮15%，水溶性钾5%，腐殖酸3%；

特别添加：氨基酸、甲壳素、中微量元素。

（二）功效特点

①安全、快速水溶性，适用滴灌设施；

②营养平衡利于作物全面吸收；

③不含氯离子；

④促进作物生长，健壮植株；

⑤提高作物产量和品质。

（三）使用方法

叶面喷施：500～700倍液。

追肥包沟：20～30kg/亩。

暖季冲施：15～20kg/亩，根据根系状况可单独使用。

注：本产品尤其适用于作物生长缓慢，返棵提头时期，要兼顾养根，根据实际情况适量投入。

（四）适用作物

蔬菜、瓜果、根茎、花卉、桑茶、葡萄、果树等。

（五）适用地区

北方保护地蔬菜及经济作物产区。

（六）注意事项

①不能在阳光下暴晒。

②避免与碱性农药混用，避免与碱性肥料浸泡稀释。

③幼苗或环境不良情况下酌情使用。

④注意防潮，潮湿结块不影响肥效。

七、精品全微肥

精品全微肥，见图3－7。

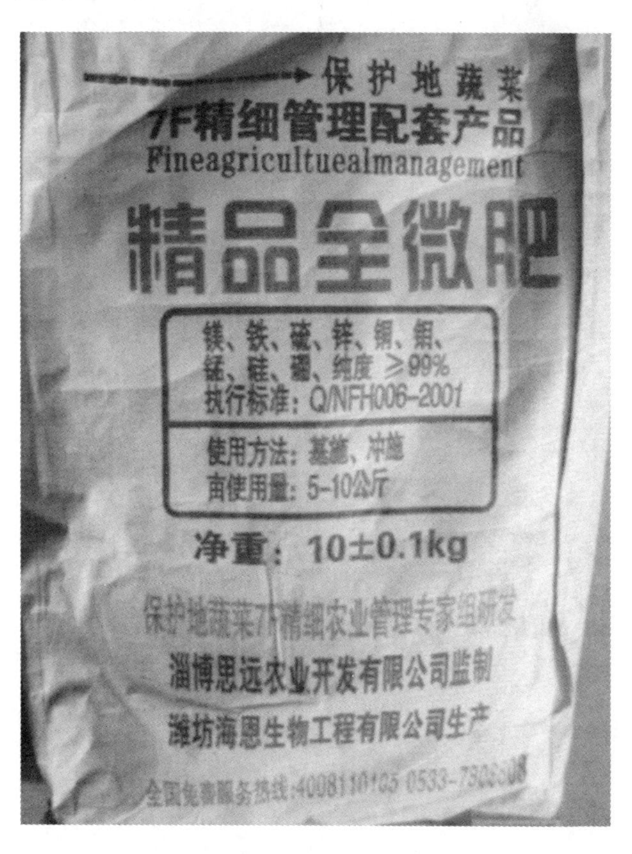

图3－7　精品全微肥

(一) 技术指标

镁、铁、硫、锌、铜、钼、锰、硅、硼，总含量≥99%。

(二) 产品特点

合理的、全面的补充微量元素，预防各种生理性病害的发生，使作物达到高产、稳产。

(三) 适用作物

瓜果、蔬菜等经济作物。

(四) 使用方法

基施：每亩地 10～15kg。

冲施：每亩地 10kg。

八、海洋生物活性钙

海洋生物活性钙，见图 3－8。

图 3－8　海洋生物活性钙

(一) 技术指标

钙 30%；

镁 4%；

硫 8%；

硅 4%；

甲壳素 0.05%；

微量元素 5%。

（二）功效特点

以海洋生物为原料，运用现代生物工程和酶工程技术有机螯合而成。含大量纳米级碳酸钙、壳聚糖、镁、锌、锰、铜、铁等中微量元素，不但提供作物丰富钙素营养，缓解因缺钙造成的生理病害，而且促进土壤团粒结构形成，改良酸性土壤，改善土壤理化性状，提高作物抗病、抗重茬能力和抗逆性，提高产量与品质。

（三）使用方法

基施：50～75kg。

九、土壤调理剂

土壤调理剂，见图 3－9。

图 3－9　土壤调理剂

（一）技术指标

硅 26%；

钙 30%；

钾 10%；

铁 3%；

硫 5%；

甲壳素 0.05%；

微量元素 10%。

（二）功效特点

有效磷及磷素活化剂、活性增效剂、床土调理剂、免深耕调理剂。

（三）使用方法

用量：50～80kg/亩，基施。

十、“沃地菌丰”含氨基酸水溶肥料

沃地菌丰，见图3－10。

图3－10　沃地菌丰

（一）产品成分

有机质≥15%；氨基酸≥10%；有效活菌数≥10亿/g。

（二）主要功效

①健壮植株：对于作物定植后的烧苗、熏苗、僵苗以及瓜打顶可快速缓解、刺激根系迅速生长，恢复健壮。

②改良土壤：有益活性菌与土壤中的有机质结合后，大量扩繁，补充土壤中的有益微生物。

③增强抗性：能有效缓解土壤因长期使用化学肥料造成的板结、盐渍化问题，增强作物的抗逆能力。

④提高肥效：分解土壤中的氮磷钾养分，大大提高各种肥料的吸收利用率。

（三）使用方法

冲施：蔬菜类作物每亩地5～10L随水冲施，一般两水可有效解决蔬菜的生长缓慢，问题。

灌根：稀释200～250倍液灌根，每棵用量60～100mL，以渗到根系为主，7～10天1次连灌两次。

喷施：稀释200～250倍液整株喷施，7～10天1次，根据植株长势确定使用次数。

（四）适用作物

蔬菜：茄果类、瓜类、叶菜类、豆类。

果树；粮食；茶叶；烟草等。

（五）注意事项

①阴凉处贮藏，避免阳光暴晒。

②避免与农药混用。

③作物生长旺盛时减量使用。

④不可随意加大使用浓度。

⑤冲施可与有机肥料配合使用。

十一、“地力旺”EM微生物菌剂

地力旺，见图3－11。

图3－11　地力旺

（一）技术指标

有效活菌数≥40亿/mL。

（二）功效特点

①有益菌占领生态主要地位。消灭有机肥中的病原菌，以菌制菌，抑制病虫害发生，害虫不能产生脱壳素而死亡，尤其是对根结线虫的防治有显著效果，抗重茬。

②平衡土壤营养和植物营养，使作物不缺元素、不会染病，防止根腐、枯萎、白

粉、灰霉病的发生。

③固氮、解磷、释钾 分解土壤中的粗颗粒，和不易被作物吸收的钙、镁、钾以及微量元素硼、铁、钼、铜、锌等，能分解土壤中残留的农药，降低重金属含量。

④分解有机肥中的纤维素、半纤维素等大分子的有机物，将其转化成作物需要的碳、氢、氧等元素。

⑤疏松土壤、破板结、增加土壤的团粒结构，提高土壤的透气性（25%），促使植物根系发达，毛细根增加27%以上，提升土壤的含氧量和蓄水量。

⑥增强叶面的舒张功能，通过叶面，多吸收空气中的二氧化碳。

⑦打开植物次生代谢功能，当植物生长遭受损伤时，使用微生物菌液，促使二次发育生长。

⑧暗光、阴雨天，可正常供给作物营养。

⑨抗寒、抗旱，提升地温1～2℃。

⑩使用有机肥加EM菌，可使亩产量增产15%以上。

（三）使用范围

粮食作物、瓜菜类、薯类、果树类、药材类、秸秆还田、发酵腐熟。使用该产品后：粮食作物可增产10%～15%，瓜果蔬菜可增产15%～30%。

（四）使用方法

1. 茄子、黄瓜、番茄、辣椒、豆角、长豆角、芸豆、架豆王

防止小叶、黄叶、枯叶、花叶、死苗烂根，增产10%以上。

基肥：定植前每亩用固体菌肥20kg（1袋）或液体菌肥400～600mL（2～3瓶）对水适量，与其他有机肥混合拌匀撒施。

定植时每亩用液体菌肥400ml（2瓶）对水200～300kg逐棵灌根后，浇大水。

定植时如未用液体菌肥灌根，定植后可用液体菌肥600mL（3瓶）随水冲施（15～30天冲施1次）。

2. 韭菜、白菜、菠菜、芹菜、生菜、卷心菜

基肥：下种前亩用固体菌肥20kg（1袋）或液体菌肥600～800mL（3～4瓶）对水适量，与其他有机肥混合拌匀撒施。

韭菜养根期亩用液体菌肥400～600mL（2～3瓶）随水冲施。

韭菜在反季节扣棚时亩用液体菌肥400～600mL（2～3瓶）随水冲施（10天冲施1次）。

3. 萝卜类

胡萝卜亩用固体菌肥10～20kg（0.5～1袋）或液体菌肥400～800mL（2～4瓶）对水适量与其他有机肥混合拌匀撒施。

白萝卜亩用固体菌肥5kg或液体菌肥200mL（1瓶）对水适量与其他有机肥混合撒施（全生育期只用一次）。

4. 西瓜、甜瓜、香瓜、冬瓜、南瓜、苦瓜、丝瓜

预防枯萎、黄萎、沤根，早熟、提高糖度、口感好。

基肥：亩用固体菌肥10～20kg（0.5～1袋）或液体菌肥400～800mL（2～4瓶）

对水适量，与其他有机肥混合拌匀撒施。

拌种亩用液体菌肥50ml对水200mL以上与种子拌匀阴干后使用（禁止暴晒）。

如种植前未施菌肥，可在出苗后用液体菌肥200mL（1瓶）对水100kg以上逐棵灌根后，浇大水，或用固体菌肥5～10kg逐棵培根。也可用液体菌肥400～800mL（2～4瓶）随水冲施（10天冲施1次）。

5. 葡萄

基肥：在果实采收后，亩用固体菌肥20～40kg（1～2袋）或液体菌肥400～800mL（2～4瓶）对水适量同其他有机肥混合拌匀施入。

灌根：春浇时亩用液体菌肥400mL（2瓶），随水冲施。

6. 沤制农家肥

用固体菌肥5～10kg或200～400mL（1～2瓶）液体菌肥对水适量可发酵牛、猪、鸡、秸秆、杂草等有机物1～2m³。

将固体菌肥或对水后的菌液，分层均匀撒在肥堆上，翻倒三遍，堆成60～80cm高的方形肥堆。水分要求是手握成团掉下即散为宜，如果水分大，可在堆上打数个40～60cm深孔，以便通气。

将堆好的肥堆盖塑料膜发酵5～7天，温度超过45℃，去掉塑料膜或翻堆降温即可。

（四）注意事项

①“地力旺”菌液禁止与杀菌剂或碱性物质混用，灌根时对水量宜多不宜少。

②大豆、地黄、土豆不允许拌种，浸根，蘸根。

③其他作物可参照以上同类近似作物施用。

④白萝卜每亩不得超过500mL。

十二、天达2116植物生长营养液——瓜茄果专用型

天达2116植物生长营养液——瓜茄果专用型，见图3－12。

（一）成分

海洋生物活性物质、细胞膜稳态物质、诱导抗病物质。

（二）作用原理

运用“君臣佐使，标本兼治”“正气内存，邪不可侵”的中医理论，利用海洋生物活性物质，运用现代高科技保护植物细胞膜技术、作物发育系统控制技术、光合产物定向运输技术，使农作物主动抵御各种病毒、真菌、和旱涝、冻热、盐碱等逆境因子的侵害，最大限度地激活植物植株个体和群体的活力，达到“健身栽培、优化品质”的目的，中医强调“上工医未病”，即预防疾病的产生，小病要及时治，以免变成大病，这正是现代预防医学所要求的。“天达2116”的研制成功，是中医中药健身防病理论应用于植物的重大突破。

（三）功效特点

活化细胞生长基因，保护细胞膜免受伤害。

图 3－12　瓜茄果专用型

①诱导植株增强抗病、抗旱、抗冻等抗逆能力；

②促根系发达，茎蔓粗壮，有效控制徒长，保花，保果，提高座果率；

③早熟不早衰，延长采收期；

④膨果均匀，着色好，无畸形果，无空洞果，提高品质，无残留；

⑤促果实膨大，增产效果显著；

⑥可缓解除草剂药害、其他药害及肥害。

（四）适应作物

西瓜、甜瓜、青瓜、黄瓜、菜瓜、冬瓜、南瓜、苦瓜、哈密瓜、番茄、茄子、辣椒、荷兰豆、豆角、草莓等。

（五）使用方法

每袋产品（25g）对水 15kg，搅匀，于作物现蕾期、膨果期各喷 1 次。叶面喷施，用量以叶面落满露珠为宜。

（六）注意事项

①瓜类苗期喷施后萎蔫属药后生理反应，18 小时左右可自行恢复。

②喷施不宜在阳光直射下进行，宜于上午 10:00 以前或下午 16:00 以后喷施。

③严禁与碱性物质混用。

④喷后 4 小时内遇雨重喷。

⑤放置阴凉干燥处保存。

十三、天达 2116 植物生长营养液——地下根茎专用型

天达 2116 植物生长营养液——地下根茎专用型，见图 3－13。

图 3－13　地下根茎专用型

（一）成分

海洋生物活性物质、细胞膜稳态物质、诱导抗病物质。

（二）功效特点

活化细胞生长基因，保护细胞膜免受伤害。

①能诱导植株增强抗病、抗旱、抗冻等抗逆能力；

②能使作物肉质根茎内有机质含量增加，果实成型好，品质提高；

③促进生长，根茎膨大，早熟，增产增收效果显著；

④可缓解除草剂药害、其他药害及肥害。

（三）适应作物

马铃薯、甘薯、甜菜、大姜、大蒜、洋葱、胡萝卜、萝卜、山药、百合、水仙、芦笋、芥菜、芋头等。

（四）使用方法

每袋产品（25g）对水 15kg，搅匀，于作物根茎进入膨大期时始叶面喷施，连喷 3

次，间隔 10～15 天。用量以叶面落满露珠为宜。

（五）注意事项

①喷施不宜在阳光直射下进行，宜于上午 10:00 以前或下午 16:00 以后喷施。

②严禁与碱性物质混用。

③喷后 4 小时内遇雨重喷。

④放置阴凉干燥处保存。

十四、天达 2116 植物生长营养液——壮苗灵

天达 2116 植物生长营养液——壮苗灵，见图 3－14。

图 3－14　壮苗灵

（一）成分

海洋生物活性物质、细胞膜稳态物质、诱导抗病物质。

（二）功效特点

活化细胞生长基因，保护细胞膜免受伤害。

①能诱导植株增强抗病、抗旱、抗冻等抗逆能力；

②对苗黄、苗弱、老化苗、僵苗、药害、肥害及病后复壮有显著效果；

③促进作物根系生长，有利于吸收利用地表及地下水分，改善作物营养状况，植株健壮；

④保护植株细胞膜系统，有效减少植株体内水分的消耗；

⑤增产增收效果显著；

⑥可缓解除草剂药害、其他药害及肥害。

（三）适应作物

各种人工栽培植物。

（四）使用方法

每袋产品（25g）对水15kg，搅匀后叶面喷施，间隔10～15天，具体喷施次数视作物生长情况而定，壮苗可按相同浓度于苗期喷施1次。用量以叶面落满露珠为宜。

（五）注意事项

①喷施不宜在阳光直射下进行，宜于上午10:00以前或下午16:00以后喷施。

②严禁与碱性物质混用。

③喷后4小时内遇雨重喷。

④放置阴凉干燥处保存。

【小技能】

自制生物活性有机肥

1. 生物活性有机肥的生产方法

（1）配料比

生产1t生物有机肥需要各种秸秆900kg、人畜粪或饼肥100kg、酵素菌种3kg。

（2）堆制程序

先将秸秆平摊在水泥地面上（或铺在农膜上），厚度达30～40cm时，往秸秆上均匀喷水，反复喷，以喷透为度，也可先在堰塘池内将秸秆浸湿1个小时再行铺摊。然后将人畜粪或饼肥与酵素菌拌匀，均匀撒在浸湿的秸秆上。如此层层堆积，形成高2m、宽3m的馒头形料堆。堆时不能压实，保持透气性。其上用编织袋或条花布盖好（不用塑料薄膜盖），以防水分蒸发和阳光照射。堆的中间打很多孔再插一个温度计。

（3）翻堆

成堆后，夏季经4天，春秋季6天，冬季8天后，堆温升到50℃以上时进行第一次翻堆，共翻4次约15天即可。

（4）注意环节

①温度：堆温保持60～65℃，不能超过70℃，可用散堆方法来降温，以防杀死酵素菌。

②湿度：春、秋季料的湿度保持在55%左右，夏季60%左右，以用手握料时指间有水而不滴水为度。适当的湿度才能避免“烧白”。否则，会造成养分损失，导致堆肥失败。

③颜色：成功的堆肥呈黄褐色或黑褐色。如出现白色、有酸臭味，是水分不足所致。

④气味：正常情况下，第一、第二次翻堆时有酒香味。发酵好后，一般无异味。

（5）保管

制成的生物有机肥暂时不用时，不要在太阳下晒干，否则会杀死大量有益微生物；而应放在阴凉干燥处阴干，装在塑料袋内备用。

2. 生物有机肥的施用方法

将发酵好的生物活性有机肥50%与50%的土混合，制成营养钵培育棉花、蔬菜、果木苗效果很好；可用于各种农作物、蔬菜、瓜果的基肥、穴肥，施用量每亩100～200kg。生物有机肥与各种化肥拌用时，要现拌现用，以免损害有益微生物。自己生产生物活性有机肥成本较低，比市场上购买要便宜很多。

第二节　生长调节剂

一、西葫芦免点花

西葫芦免点花，见图3－15。

图3－15　西葫芦免点花

（一）特点

①高效安全无毒，正常使用对根系及生长点无抑制生长作用，几乎无激素过量现象。添加植物抗病因子使作物更抗病，减少农药使用量。

②省工省时，操作简便：使用本品只需每隔7～10天叶面喷雾1次，省去点花抹幼果的操作过程。

③使用本品西葫芦瓜条长得快、色泽翠绿、顺直，植株长势旺盛，提高产量60%～80%。提早上市3～4天。

（二）使用方法

每支10ml对水15kg叶面喷雾、每隔7～10天喷1次。

（三）注意事项

①配药用干净清水，现配现用。

②本剂应单独使用，喷雾器换用细喷头，雾化应均匀，以喷湿叶面、不滴药液为宜，17:00后施用效果更佳。

③使用本剂后应肥水充足，以确保植株更多的养分需求。

④本剂使用浓度应随棚内温度适当调整。

⑤使用本品前先做小面积试验，后再大面积使用。

⑥本品用于南瓜时可参照西葫芦用量，用于冬瓜时每支 10ml 对水 10kg 大面喷雾。

二、番茄安全喷花剂

番茄安全喷花剂，见图 3－16。

图 3－16　番茄安全喷花剂

（一）特点

使用方便，效果独特，快速膨果，快速全面吸收，绿色无公害蔬菜农产品专用。

（二）产品功能

进口原药，本产品能有效防止落花、落果、裂果、畸形果、空洞果、缩果、石头果、脐腐等生理性病害，显著提高番茄的坐果率。果实膨大速度快，着色好，果型正，果色亮泽，口感好，提高商品性，提早成熟 7～10 天，保果率高，使用方便，安全可靠，一年四季通用，不受温度限制。

（三）使用方法

①每瓶原药（100g）对水 3.5～4kg。

②喷花时期采用小喷雾器喷花，当一个花穗有 2～3 朵花开放时喷花最好。不要在一个花穗第一朵花蕾快开时涂花式喷花，这样会影响后面几朵花开花结果，同时易产生药害。喷花时切勿把药液喷到植株嫩叶及生长点（脑头）上，否则也会发生药害。

③ 喷花时应喷在花的背面，即花柄和花萼处，而不要喷在花瓣上。这是因为造成番茄脱落的根本原因是在花萼和花柄连接处脱落酸浓度的增加，当脱落酸达到一定的浓度后，造成花柄和花萼分离即落花落果显现。根本原因是脱落酸和生长素浓度比例失衡造成。

（四）注意事项

①摇匀后再用，喷花时不要重复；本品耐雨水冲刷，用后30分钟遇雨不必重喷。

②避免吸入，接触皮肤及眼睛。

③番茄留种田及其他作物禁用；全株喷洒对叶片有不良影响。

④无用药经验请教农技员，初次使用，先做试验，请留对照，成功后再大面积使用。

⑤喷药时间宜在晴天早晨或傍晚进行，避免在高温、烈日及阴雨天施药，可防止发生药害。

⑥如药液溅到身上，立即用肥皂水清洗干净。

⑦如药液溅到眼内，立即用大量清水清洗，并请医生治疗。

⑧如误服，在患者完全清醒时引吐，并立即带本标签送医院治疗。

（五）储藏和运输方法

①本品应以原包装储存于阴凉、干燥和通风处；

②储存温度0℃以上，40℃以下；

③不能与食物、种子、饲料和肥料等一起储藏，并放置于儿童接触不到的地方；

④运输时应注意防水防潮，避免雨淋，搬运时轻搬轻放，不可倒置；

⑤器具用后彻底清洗，洗液不能乱倒，避免污染水源。

三、碧护

“碧护”是德国科学家依据自然界奇妙的“植物化感”和生态生化学原理，历时30年研究开发的植物源植保产品。该产品内含赤霉素、芸薹素内酯、吲哚乙酸、脱落酸、茉莉酮酸等8种天然植物内源激素，10余种黄酮类催化平衡成分和近20种氨基酸类化合物及抗逆诱导剂等，能够诱导作物提高抗逆性、增加产量和改善品质、解除药害，是一种新型复合平衡植物生长调节剂。可以提高食品安全性，减少环境污染。国内外广泛应用于大田、经济作物、果树、蔬菜、蘑菇、海藻、高尔夫球场、园林花卉等（图3-17）。

（一）技术指标

①有效成分：天然赤霉素、吲哚乙酸、芸薹素内酯等。

②农药种类：纯天然植物生长调节剂。

③产品剂型：可湿性粉剂。

（二）功效特点

①抗干旱：干旱情况下，作物施用碧护后能够诱导产生大量的细胞分裂素和维生素E，并维持在较高的水平，从而确保较高的光合作用率。促进植物根系发育，提高植物抵御干旱能力。抗旱节水可达30%～50%。

图 3－17　碧护

②抗病害：诱导植物产生过氧化物酶和 PR-蛋白，这些物质是植物应对外界生物或非生物因子侵入的应激产物，产生愈伤组织，使植物恢复正常生长。对霜霉病、疫病、病毒病具有良好的预防效果。

③抗虫机理：内含茉莉酮酸，启动自身保护机制，能使害虫更容易被其天敌消灭。

④抗冻机理：作物施用碧护后，能够有效激活作物体内的甲壳素酶和蛋白酶，极大地提高氨基酸和甲壳素的含量，增加细胞膜中不饱和脂肪酸的含量，使之在低温下能够正常生长。可以预防、抵御冻害。

（三）碧护功效

①活化植物细胞，促进细胞分裂和新陈代谢；提高叶绿素、蛋白质、糖、维生素和氨基酸的含量，提高作物产量和改善品质。

②提早打破休眠，使作物提前开花、结果；保花保果、提高座果率、减少生理落果，可提早成熟和提前上市。

③诱导作物产生抗逆性，提高抗低温冻害、抗干旱、抗病害的能力。对霜霉病、疫病、灰霉病和病毒病具有良好的防控效果。

④有效促进作物生根，根系发达，有利于养分吸收和利用。减少化肥施用 20%，减少农药施用 30%。

⑤促进土壤中有益微生物的生长繁殖，可迅速恢复土壤活力，提高土壤肥力；健壮植株，延缓植株老化，延长结果期。

⑥对农药造成的抑制性药害具有良好的解除作用。

⑦延长果蔬贮藏期，采前使用碧护，好气细菌和大肠杆菌显著减少，可溶性固形物的总量、碳水化合物、蔗糖含量增加，可减缓贮存过程中的生理重量损耗。

（四）适用作物

由于“碧护”含有 30 多种植物活性物质，使得其适用作物更加广泛。国内外的大量试验证明，"碧护"可以广泛应用于下列作物：

①蔬菜类：黄瓜、番茄、茄子、辣椒、菜花、芸豆、油菜、芹菜、韭菜等各种蔬菜。

②经济作物：茶叶、花生、大豆、棉花、马铃薯、烟草、姜、蒜、西瓜、香瓜等。

③大田作物：水稻、玉米、小麦等。

④果树：苹果、梨、桃、葡萄、大樱桃、夏威夷小木瓜、荔枝、龙眼、草莓等。

⑤园林花卉等。

⑥高尔夫、网球场、运动场、公园草坪等。

⑦食用菌类

⑧海藻类

（五）使用方法

碧护使用方法，见表3－1。

表3－1　碧护在蔬菜上使用方法表

作物	应用	时间	使用量（g/亩/次）	叶面喷雾稀释倍数	使用后效果
嫁接苗	第一次	嫁接前1～3天	3	8 000～10 000倍	促嫁接伤口愈合、恢复；培育壮苗
	第二次	嫁接后10天	3	10 000～20 000倍	
西瓜、甜瓜、黄瓜、西葫芦	第一次	浸种	常规时间	5 000倍	促种子萌发
	第一次	定植前2～3天	3	15 000倍	培育壮苗，提高抗性
	第三次	开花坐果前	3	15 000倍	提高坐果率，促果实发育，果大、均匀，口感好
	第四次	采摘2～3次后隔20～25天叶面喷施	3	15 000～20 000倍	延长采收，增加产量
茄子、辣椒、西红柿	第一次	2～4叶期	3	8 000～10 000倍	培育壮苗，苗齐、苗全、苗壮，提高作物抗性
	第二次	定植前	3	15 000倍	促定植缓苗，提高移栽成活率
	第三次	开花前	3	15 000倍	保花保果，果实大小均匀，着色好
	第四次	采收2～3次后	3	15 000倍	延长采收，增加产量
豆类、薯芋类	第一次	拌种		5 000倍	提高种子发芽率和发芽势
	第二次	2～4叶期	3	15 000倍	增加叶绿色含量，提高光合作用，促植株健壮
	第三次	花前	3	15 000倍	提高坐果率，果实大小均匀、口感好、产量高

（续表）

作物	应用	时间	使用量（g/亩/次）	叶面喷雾稀释倍数	使用后效果
根菜类叶菜类	第一次	2～4 叶期	3	15 000 倍	增加叶绿色含量，植株健壮，
	第二次	间隔 25～30 天	3	15 000 倍	提前采收，增加产量，改善品质
葱蒜类	第一次	2～4 叶期	3	15 000 倍	提高冬季抗冻、抗旱性
	第二次	早春返青	3	15 000 倍	促早春返青，植株健壮
	第三次	隔 25 天喷第三次	3	15 000 倍	增加产量，改善品质

（六）注意事项

①碧护使用效果主要取决于正确的亩用量，喷水量可根据作物不同生长期和当地用药习惯适当调整。

②碧护强壮植物，与氨基酸肥、腐殖酸肥、有机肥配合使用增产效果更佳。

③同杀虫杀菌剂混用，帮助受害作物更快愈合及恢复活力，有增效作用。

④请不要在雨前、天气寒冷和中午高温强光下喷施，会影响植物对碧护的吸收。

⑤贮存在阴凉干燥处，切忌受潮。

四、芸薹素内酯

（一）有效成分及含量

0.04%芸薹素内酯（图 3－18）。

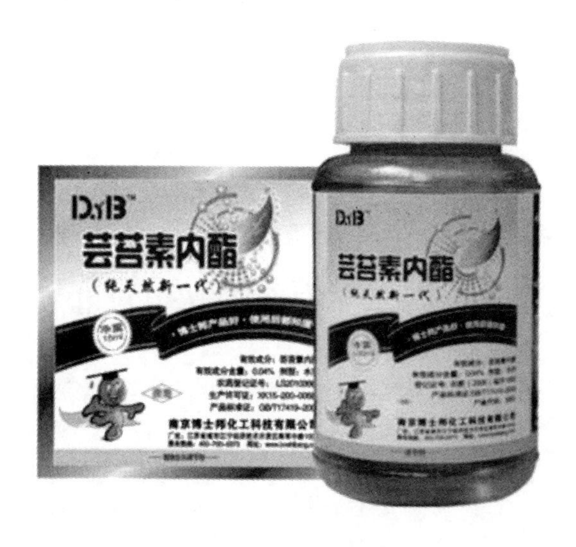

图 3－18　芸薹素内酯

（二）稀释倍数

1 200～1 500 倍液。

（三）功能特点

芸薹素内酯是一种最新植物内源激素，芸薹素内酯是国际上公认为活性最高的高效、广谱、无毒的植物生长调节剂，它采用高效安全的进口助剂和高纯度天然芸薹素内酯精制而成，渗透强、内吸快；有效增加叶绿素含量，提高光合作用效率，促根壮苗、保花保果；提高作物的抗寒、抗旱、抗盐碱等抗逆性，显著减少病害的发生；并能显著缓解药害的发生，药害发生后使用可解毒，使作物快速恢复生长，并能消除病斑；芸薹素内酯还能显著增加产量和提高作物的品质的作用。

（四）蔬菜上应用

在叶菜类的幼苗期和生长期喷 2～3 次，每亩次用 0.04% 水剂 20 000～40 000倍液 50kg，可促进生长，提高产量。

番茄于花期至果实增大期叶面喷洒 0.1ml/L 浓度药液（0.01% 乳油 1 000倍液或 0.04% 水剂 4 000倍液）可明显增加果重。并增高植株抗低温能力，减轻疫病为害。

在黄瓜苗期用 0.01mg/L 浓度药液（相当于 0.01 乳油 10 000倍液）喷洒茎叶，可提高幼苗抗夜间 7～10℃低温的能力。

（五）注意事项

①用于植物生长发育的各个阶段，促进营养体生长和受精作，因其化学结构近似于动物性激素。

②生理作用表现有生长素、赤毒素、细胞分裂素的某些特点。

③植物的根、茎、叶均能吸收。

④解毒能力（除草剂引起的药害）。

⑤抗病（如水稻稻瘟病、纹枯病、黄瓜灰霉病、番茄疫病、白菜、萝卜软腐病等）。

⑥与肥料、杀菌、杀虫剂混用可起到增效作用。

【小技能】

植物生长调节剂的配制及其应用

植物生长调节剂是一种人工合成的类似植物体内天然植物激素的有机化合物，在园艺作物生产上已得到广泛应用。它用量小，速度快，效益高，残毒少，有利于抵抗不良环境条件的影响，以达高产高效的目的，为此被广泛应用于蔬菜生产。由于调节剂本身没有营养作用，所以用植物调节剂处理后的各种蔬菜仍需进行肥水管理。各种不同的植物调节剂要在蔬菜植物生长发育的某一时期及在一定的环境条件下使用，才能达到预期的效果。如，促进种子发芽，防止幼苗徒长，促进雌花的形成，促进缓苗，防止落花落果，催熟、防止抽薹，提高产量等作用。由于植物调节剂性质不同，其配比浓度及使用方法也不同，所以，学会并掌握常用植物生长调节剂的配制方法和应用是十分重要的。

一、植物生长调节剂的种类

目前，公认的植物激素有生长素、赤霉素、乙烯、细胞分裂素和脱落酸五大类。油菜素内酯、多胺 、水杨酸和茉莉酸等也具有激素性质，故有人将其划分为九大类。而植物生长调节剂的种类仅在园艺作物上应用的就达40种以上。如植物生长促进剂类有赤霉素、萘乙酸、吲哚乙酸、吲哚丁酸、2，4-D，防落素、6-苄基氨基嘌呤、激动素、乙烯利、油菜素内酯、三十烷醇、ABT增产灵、西维因等；植物生长抑制剂类有脱落酸、青鲜素、三碘苯甲酸等；植物生长延缓剂类有多效唑、矮壮素、烯效唑等。

二、植物生长调节剂的作用

①活化基因表达，改变细胞壁特性使之疏松来诱导细胞生长；诱导酶活性，促进或抑制核酸和蛋白质形成；改变某些代谢途径，促进或抑制细胞分裂和伸长；诱导抗病基因表达。

②促进细胞伸长、分裂和分化，促进茎的生长；促进发根和不定根的形成；诱导花芽形成，促进坐果的果实肥大，促进愈伤组织分化；促进顶端优势，抑制侧芽生长。

③打破休眠，促进发芽；抑制横向生长，促进纵向生长，促进花芽形成；诱导单性结实。

④阻止茎的伸长生长；增加呼吸酶和细胞壁分解酶活性；促进果实成熟、落叶、落果和衰老；打破休眠，促进花芽形成和发根。

⑤促进休眠，阻止发芽；促进落叶、落果、形成离层和老化；促进气孔关闭；抑制α-淀粉酶形成；促进乙烯形成。

三、几种生长调节剂的配制

（一）材料与用具

①调节剂及化学试剂：2，4-D（2，4-二氯苯氧乙酸）、番茄灵（对氯苯氧乙酸）、乙烯利和95%乙醇等。

②实训用具：量筒、烧杯、试剂瓶、容量瓶和天平等。

（二）配制方法

1. 2，4-D（2，4-二氯苯氧乙酸）

准确称取2，4-D钠盐1g倒入20mL水中，搅拌待其全部溶解后，倒入1 000mL的容量瓶中，加水到1 000mL定容，配好后，再倒入1 000mL的试剂瓶中，即得1 000mg/L的2，4-D原液，贴上标签，放在阴凉避光处备用。

在蔬菜生产上，2，4-D主要用于防止番茄、茄子、西葫芦等果菜类蔬菜的落花落果，经2，4-D处理的番茄，果实膨大快，可提高5～7天成熟、并且果实大、种子少、糖分含量高，使用时应注意以下事项：

①浓度适宜：番茄以10～20mg/L，茄子以30～40mg/L为宜，不同番茄品种对浓度的要求稍有差异，不同温度下，使用浓度也不同。气温低时使用浓度稍高，气温较高时使用浓度宜低。

②方法正确：方法有两种，浸花和抹花。浸花：将配好的药液放在小玻璃杯中，然

后把张开的花放入药液中，浸入花柄后立即取出，并将留在花上多余的药液在杯边刮掉，防止因花朵上2，4-D药液过多造成畸形果或裂果。抹花：将配好的适宜浓度的2，4-D倒入小玻璃杯中，用毛笔蘸了药液抹到花瓣的柱头上，抹花不易抹匀，抹花的浓度略高于浸花。两种方法都是只能进行一次，并且是刚开放的花，但不要让药液洒在生长点或嫩叶上以免发生药害，影响生长，经过处理的植株要进行肥水管理。

2. 番茄灵（对氯苯氧乙酸）

称取1g的番茄灵放入95%的酒精中进行溶解，加水稀释至1 000mL即得番茄灵1 000mg/L的原液，使用时，取1 000mg/L的原液20mL加水980mL，便成为20mg/L的药液，其他浓度依此类推。

番茄灵又叫防落素。防止番茄落花的浓度一般掌握在20～40mg/L，低温季节使用浓度为35～40mg/L，高温时以25～30mg/L为宜。

番茄灵一般采用喷花法，将配好的药液灌入小喷壶中，在每个花序开放2～3朵花时，往花序上喷洒药液，以喷湿花朵为最佳，避免把药液喷到嫩叶上以免产生药害。一个花序最多喷两次，一般需4～5天处理一次，此方法省时省工效率高，经过处理的番茄果实膨大，生长较快，单果重增加，有利于早熟丰产。

3. 乙烯利（2-氯乙基磷酸）

易溶于水，目前国产的乙烯利为40%的水溶制剂，使用时，只要先计算好所需要的浓度与体积，现用现配，方法简便。

乙烯利是一种抑制剂，能促进瓜类蔬菜雌花的形成。在黄瓜第一片真叶展开时用100mg/L的乙烯利喷施1～2次，可于4、5节连续出现雌花，在第3片真叶展开时用200mg/L的乙烯利进叶面喷雾，喷施乙烯利后，需增加追肥量，否则容易化瓜。经乙烯利处理后能减少雄花数目，所以也可用于杂交去雄。

有些瓜果类蔬菜经乙烯利处理后，能提前成熟，提早上市。用1 000mg/L的乙烯利涂抹绿果，能提前3～4天成熟，或用2 000mg/L的乙烯利溶液浸泡绿熟期番茄，捞出放在25℃左右的温度下催熟，果实可提前4～5天转红。

四、注意事项

①作物种类、品种、生长势和环境条件差异较大，对植物生长剂的不同浓度的反应也各不相同，所以，在大量应用前要做预备试验，以免发生药害或效果不显著。

②不论溶于水还是溶于乙醇都必须将计算出的用量放进较小的容器内先溶解，然后再稀释至所需要的量，并要随用随配，以免失效。

③喷药时间最好在晴天傍晚前进行。不要在下雨前或烈日下进行，以免改变药液浓度，降低药效或发生药害。

④为了增强药效，可在稀释好的药液中加入少量的展着剂，如西维因可加入0.2%的豆浆作展着剂。

⑤有的植物生长调节剂可以与一些农药混合使用，如NAA可与波尔多液及石硫合剂混用，而有的遇酸或碱分解失效，如B_9和GA与碱性药液混合失效，同时，B_9不能与铜器或铜制剂接触，喷波尔多液要与喷B_9最少相隔5天。

第三节　农　药

一、土清博士

土清博士，见图 3－19。

图 3－19　土清博士

（一）产品特点

土壤消毒剂，全挥发无残留，用后不影响作物。

（二）功效特点

①清理线虫、蓟马、斑潜蝇等。

②清除土壤病害菌。

③清理杂草。

（三）用法用量

①将土壤表面上茬残留物清理干净。

②将土壤深翻或旋耕 20cm 以上。

③经太阳光暴晒 10 天。

④起高垄，覆盖地膜。

⑤随水冲入 60～80kg。

⑥关闭风口，高温持续 15～20 天。

（四）注意事项

①使用前摇晃均匀。

②重茬连作土壤每隔 2～3 年使用 1 次。

③处理后及时补充有益菌。

④早晚应用避开高温强光。

⑤用前用后24小时严禁饮酒。

二、威百亩

威百亩，见图3－20。

图3－20　威百亩

（一）毒性

属低毒杀线虫剂。原药雄性大鼠急性经口LD50为820mg/kg，家兔急性经皮LD50为800mg/kg，家兔急性经皮LD50为800mg/kg。对眼睛及黏膜有刺激作用，对鱼有毒，对蜜蜂无毒。

（二）剂型

30%、33%、35%、48%水溶液。

（三）特点

具有熏蒸作用的二硫代氨基甲酸酯类杀线虫剂。在土壤中降解成异友谊氰酸甲酯发挥熏蒸作用，还有杀菌及除草功能。

（四）适用范围

适于花生、棉花、大豆、马铃薯等作物线虫的防治，还对马唐、看麦娘、莎草等杂草及棉花黄萎病、十字花科蔬菜根肿病有防效。

（五）使用方法

①花生线虫病：每亩用35%威百亩水溶液2.5～5.0kg，对水300～500kg，于播前半个月开沟将药灌入，覆土压实，15天后播种。

②其他线虫防治：每亩用35%威百亩水溶液3～5kg，方法同①。

（六）注意事项

①该药在稀溶液中易分解，使用时要现配。

②施药量及施药方式不当易产生药害。

③不能与含钙的农药如波尔多液、石硫合剂混用。

三、菌线克

菌线克是一种新型、高效、安全的土壤消毒剂，无任何毒副作用，无残留，快速杀死土壤中各种真细病菌和病毒，有效杀死抑制根结线虫及地下害虫虫卵，是针对重茬连作、死棵严重和线虫危害大棚进行土壤消毒的高效产品（图3－21）。

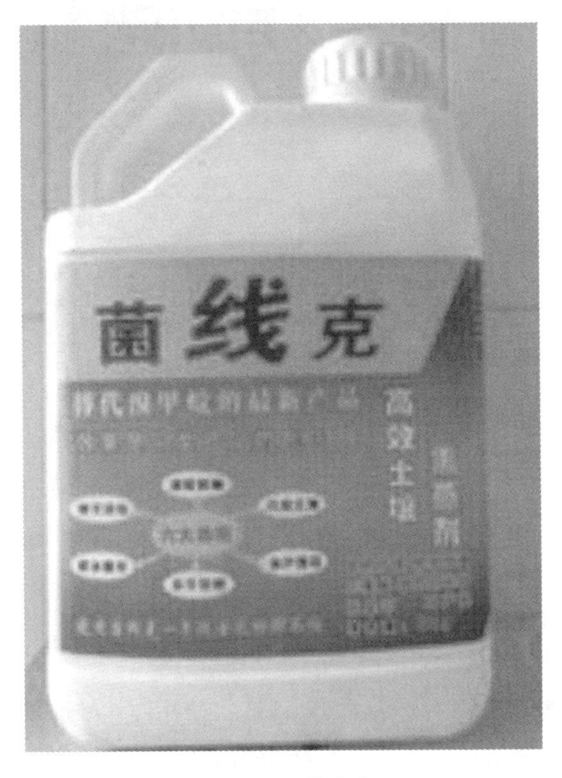

图3－21 菌线克

（一）闷棚消毒

在6～8月份的高温季节进行，具体操作如下：清理干净土壤表面上茬作物的残留物，把棚土深翻25～30cm，耙好后把畦起好，在畦的当中条沟，大约深25cm，按每亩6～8kg的用量，将菌线克药粉均匀撒入沟内，迅速盖土4～5cm，然后用适量的水泼入沟内，以稀释到药粉为准，盖土后营迅速盖膜，用土将边缘压实，不能拖太长时间，以免影响效果。之后把棚膜密闭，高温闷棚2～3天，再顺垄浇一大水，密闭闷15天左右即可。

（二）灌根

稀释300～500倍，灌根每棵用0.25kg药液，可有效防治根腐病等根部病害。

四、天达有机硅农用增效剂

天达有机硅农用增效剂，见图3－22。

图3－22　有机硅

（一）有效成分

聚醚改性三硅氧烷。

执行标准：Q/TSW003-2008

（二）产品特点

①新一代高效桶混增效剂，优异的湿润性能，使药液在叶面迅速铺展。

②可明显增强药液在植物或害虫体表的黏附力和展着力，提高农药利用率。

③促进内吸型药剂通过气孔渗透，提高耐雨水冲刷力，下雨无需再补喷。

④可减少单位面积农药使用量和用水量，减少农药污染，降低农药残留，省时、省工、省药，增加经济效益。

（三）使用范围

本品作为桶混喷雾助剂，可与杀虫剂、杀菌剂、除草剂、植物生长调节剂、叶面肥、微量元素和生物农药等农用化学品配合使用。

（四）使用方法

将本品溶解后与药液按3 000～6 000倍稀释，搅匀后喷雾。

（五）注意事项

①加入本品喷雾时，喷雾速度应适当加快，以湿润叶片而不滴注为宜。

②与除草剂混用时，建议小范围试验，避免产生不良后果。

③储存于阴凉干燥处，确保儿童不能触及。产品开封后须尽快使用，不得食用。如有本品溅入眼睛，应立即用大量清水冲洗，并到医院就诊。

④本品对人、畜、禽无害，由于其渗透性能强，使用时操作者要做好安全防护措施，如戴防护镜，着防渗透的保护服等。

五、杜诺线克

杜诺线克，见图 3 – 23。

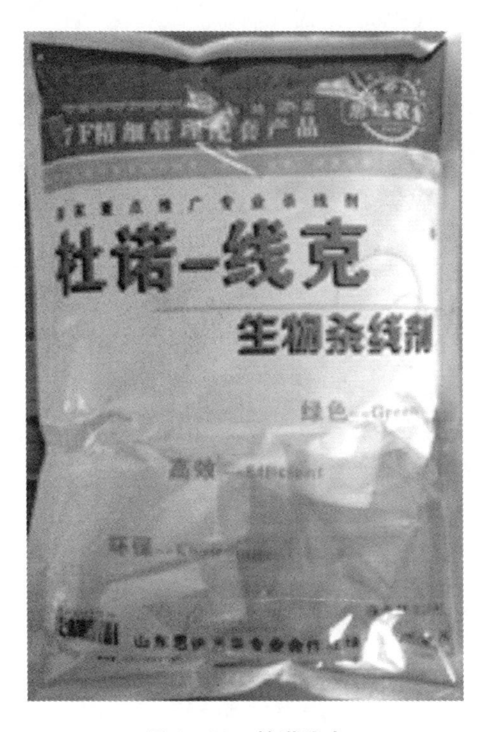

图 3 – 23　杜诺线克

（一）有效成分

5% 阿维菌素。

（二）产品特点

经高科技研制而成，针对茄果类、瓜类根结线虫危害效果显著，药效持久性强，防治效果突出。

（三）产品用量

对茄果类、瓜类等作物依据线虫发生严重程度而定，建议用药量为每亩 10 ~ 15kg（撒施 6 ~ 9kg + 沟施或穴施 4 ~ 6kg）。

（四）使用方法

①土壤处理（撒施）：将土壤翻松25～30cm后，把药剂均匀撒入土壤表面，然后用旋耕机翻土，翻土要均匀，然后整畦。

②沟施处理：在畦内开沟，沟内壁坡度要小，沟底要宽，深度在15cm左右，把药剂均匀撒施于沟壁及沟底，并将药剂与土搅拌均匀，移栽定植即可。

③穴施处理：在畦内开穴，穴开的尽量大一些，坡度小一些，以增加施药面积及施药均匀度，把药剂均匀撒施于穴的内壁上，并将药剂与土搅拌均匀，移栽定植即可。

建议：线虫发生严重地块应适当加大用药量；土壤处理（撒施）后，再配合沟施处理或穴施处理，这样治线虫效果会更好。

（五）注意事项

①本品储存于阴凉、干燥、通风处，避光、避热；

②本品不可与食品、粮食、饲料等混合储存；

③施肥期间应注意安全保护，穿戴防护服和手套，避免吃东西和饮水；

④使用时避免与碱性药物混用；

⑤孕妇及哺乳期妇女避免接触。

【小技能】

农药配比速查表

农药配比速查表简单却实用，见表3－2。

表3－2　农药配比速查表

稀释浓度	15kg水加药量（g或mL）	50kg水加药量（g或mL）
100倍液	150	500
200倍液	75	250
300倍液	50	167
500倍液	30	100
600倍液	25	83
800倍液	18.75	62.5
1 000倍液	15	50
1 200倍液	12.5	41.7
1 500倍液	10	33.3
2 000倍液	7.5	25
2 500倍液	6	20
3 000倍液	5	16.7

主要参考文献和网站

［1］温变英．节能日光温室建造与栽培实用技术．北京：中国农业科学技术出版社，2012.

［2］向朝阳．蔬菜园艺技术职业技能培训鉴定指南．北京：中国农业出版社，2007.

［3］陈贵林．蔬菜栽培学概论．北京：中国农业科技出版社，1997.

［4］张福墁．设施园艺学．北京：中国农业大学出版社，2001.

［5］吕佩珂，李明远．中国蔬菜病虫原色图谱．北京：农业出版社，1998.

［6］范双喜，张玉星．园艺植物栽培学实验指导．北京：中国农业大学出版社，2002.

［7］http：//www. jinfeiwang. com.

［8］http：//baike. so. com/doc/5928215. html.

［9］http：//www. bj-wnhy. com/product3. html.

［10］http：//www. intersoilhealth. com/Show.

［11］http：//wenku. baidu. com/.

［12］http：//image. so. com.